高等职业教育 电子信息类 专业系列教材

GAODENG ZHIYE JIAOYU DIANZI XINXI LEI

ZHUANYE XILIE JIAOCAI

电源技术

主　编◎王　川

副主编◎肖志鹰

重庆大学出版社

内 容 简 介

全书共 7 章。主要介绍电源技术的发展、稳压电源的技术指标和电子设备对电源的要求,以及线性稳压电源和开关稳压电源的电路结构、工作原理和功率管的使用;分析了影响电源稳定的因素和解决的措施,电源杂音干扰的来源和抑制方法,以及电源设计的一般方法与元器件的选择;介绍了现代通信电源系统的构成、特点和现代通信系统对电源的要求及防护措施,以及 UPS 电源、脉冲电源和直流逆变电源等特种电源的应用;介绍了一些有代表性的电子产品电源电路的应用,以帮助学生掌握所学知识。

本书是高等职业技术院校电子信息类、计算机类相关专业电子技术课程教材用书。

图书在版编目(CIP)数据

电源技术/王川主编.—重庆:重庆大学出版社,
2012.8(2019.7 重印)
高等职业教育电子信息类专业系列教材
ISBN 978-7-5624-6793-9

Ⅰ.①电… Ⅱ.①王… Ⅲ.①电源—技术—高等职业
教育—教材 Ⅳ.①TM91

中国版本图书馆 CIP 数据核字(2012)第 121682 号

电源技术
Dianyuan Jishu

主 编 王 川
副主编 肖志鹰
责任编辑:章 可 版式设计:章 可
责任校对:秦巴达 责任印制:赵 晟

*
重庆大学出版社出版发行
出版人:饶帮华
社址:重庆市沙坪坝区大学城西路 21 号
邮编:401331
电话:(023) 88617190 88617185(中小学)
传真:(023) 88617186 88617166
网址:http://www.cqup.com.cn
邮箱:fxk@ cqup.com.cn(营销中心)
全国新华书店经销
重庆长虹印务有限公司印刷
*
开本:787mm×1092mm 1/16 印张:8 字数:200 千
2012 年 8 月第 1 版 2019 年 7 月第 4 次印刷
ISBN 978-7-5624-6793-9 定价:20.00 元

前　言

　　本书是高等职业教育电子信息类专业系列教材之一,是根据教育部高职高专培养目标和对本课程的基本要求,结合高等职业技术教育教学改革精神而编写的。

　　本教材力图体现高等职业教育培养目标,在编写过程中,注意了以下几个方面:

　　1.注重电源的基本理论。本教材较系统地介绍了电源的基础知识,在讲解工作原理时,尽量少作或不作数学推导,多作定性分析。

　　2.注重教材的实用性。本书根据具体的电子设备电源实例,分别讲解了它们的供电电路的特点以及电源的工作原理、检测方法,给初学者提供了必要的理论分析和实际操作方法。

　　3.注重选例的代表性。本教材所选的典型电源实例都是目前电源领域的最新应用,具有一定的代表性。

　　4.在电源整机电路分析时,注意介绍各单元电路在整机及系统中的作用和地位,详细说明其供电方式、整机电源电压的形成、各路电源电压的来龙去脉、供电电路结构、工作过程及元器件在电路中的作用。

　　本书的参考学时为48学时,主要内容包括:第1章,电源系统概述。主要介绍电源技术的发展、稳压电源的技术指标和电子设备对电源的要求。第2章,直流线性稳压电源。主要讲述了线性稳压电源的电路结构、整流滤波电路稳压调整电路。第3章,开关稳压电源。主要讲述了开关稳压电源类型、电路结构、工作原理及功率管的使用。第4章,影响稳压电源质量因素分析与解决措施。主要分析了影响电源稳定的因素及解决的措施;分析了电源杂音干扰的来源及抑制方法。第5章,稳压电源电路设计与应用。讲述了线性电源和开关电源设计方法和步骤,列举了具有代表性的电源电路应用,分析了其电源电路结构特点、工作原理及过程。第6章,特种电源。主要介绍了UPS电源、脉冲电源和直流逆变电源的电路结构、工作原理及应用。第7章,通信电源系统。主要讲述了通信电源系统构成、特点,现代通信系统对电源的要求及防护措施。

　　本书第1,3,4,5,7章由武汉职业技术学院王川教授编写,第2,6章由湖北水利电力职业技术学院肖志鹰副教授编写,全书由王川统稿。

　　本教材在编写的过程中,得到了武汉职业技术学院教材中心给予的大力支持,这里表示诚挚的感谢。由于编者水平有限,书中难免还存在一些不妥和错误之处,恳请读者批评指正。

编　者

2011 年 6 月

目 录

电源系统概述

本章要点

电源输出的稳定性

稳定电源的主要技术指标

稳定电源的特点

1.1 用电设备对电源的要求

1.1.1 电源稳定的必要性

（1）为了保证电子设备的正常工作或使其处于良好的工作状态。我们知道,任一电器、电子设备,在设计、制造时均规定了工作电压。在此规定的电压下工作时,电子设备在性能、效率、使用寿命等方面,才能达到原设计的较好指标。而此规定的工作电压,通常称为电子设备的额定电压。

如果实际的电源电压高于或低于额定电压某一允许值百分数,例如 ±10% 或 ±15%,则将使电子设备处于不正常的工作状态。例如照明灯,电压低于某一值时则发光很暗,有的荧光灯甚至启动不了;电压过高时则灯丝易于烧断,寿命也缩短很多。

（2）为了保证测量或试验结果的准确性。在一般的电气测量或试验中,常常由于电源电压或负载电流的波动、纹波、噪声等原因,使得测量或试验的结果引入了误差,因此,必须对相应的电源加以稳定。这里对稳定电源的要求,不仅包含对输出电压或电流稳定的要求,有的还包含对纹波、噪声、温漂、时漂等指标的要求。

（3）为了保证仪器的测量精度。某些精密仪器,例如核磁共振谱仪,要求它的磁场线圈所产生的场强变化小于 $10^{-6}\,\mathrm{T}$。因此,对励磁电源的稳定度和纹波等也提出了很高的要求。

以上只列举了一些常用的例子。总之,随着电子技术和电子设备的发展,对稳定电源的需求将有相应的增长和提高。

1.1.2 电子设备对电源的要求

电源的稳定,对于电子设备总是有利的,但必须添置稳定电源。若要求稳定电源输出的功率大、性能好,则价格较贵。因此,对于功率大、对供电质量要求不高的大多数电力设备而言,往往以改善电网的供电质量来解决。稳定电源大多被用于电视机、电子计算机及其接口等电子设备和电子仪器中,也就是说上述设备内就带有直流稳压电源。稳定电源已成为电子设备中的一个不可缺少的组成部分。如果交流电网供电质量不符合要求,则除了配置直流稳定电源外,还必须再配置交流稳压电源。在直流稳压前,预先对交流电源电压稳定,这种稳定作用称为预稳,或称为前置稳定。

用电设备对电源的基本要求,就是电源的输出电压或输出电流要稳定,除此之外,不同的用电设备还有各自的特殊要求,大体有以下几项:

（1）体积小,质量轻。现在随着大规模集成电路的发展,电子设备本身的体积不断缩小,因此电源的体积也要小,以与之相称。特别是移动式的电子设备,必须要求其电源体积小,质量轻。

（2）电源输出不间断。随着微型计算机应用的日益普及和处理技术的不断发展,对高质量的供电提出了越来越严格的要求。在微型计算机的运行期间中断供电,将会导致随机存储器中数据的丢失和程序的破坏。因此要求一旦市电发生瞬时断电时,能在小于 10 ms 的时间间隔内重新供电。对于无人值守的电子设备（如通信设备）来说,也需要电源输出不间断。

(3)效率高。对于大功率的电源,从节能角度出发,电源的效率是一个很重要的要求。对于家用电器(如电视机、音响设备),由于它的用户很多,效率高对节能意义更大。

(4)造价低。由于普及性比较大的电子设备或电子设备本身造价就比较低,那么就要求电源的造价不能高。

(5)电源能工作在特殊的环境中。有很多电子设备需要工作在特殊的环境中,如在水中,或在高温或低温环境中,甚至在有腐蚀性环境中,那么对电源也就必须要求在这些特殊环境中也能正常工作,以保证电子设备的正常运转。

(6)高稳定性。上面已经说明电源最基本的要求是稳定。但是稳定有高低之分,有的电子设备(如精密仪器)要求电源有很高的稳定性。

1.2 稳定电源主要指标

如前所述,稳定电源大多是根据电子仪器、电子控制设备等用电设备对电源提出的要求而设置的,因此,稳定电源应满足用电设备对电源的要求。

这种对电源的要求可分为两类:一类是用电设备所需要的电压、电流,以及电压、电流所能调节的范围等;一类是对所需要的电压或电流的稳定程度提出的要求,通常还要求纹波、噪声、温漂、时漂等不得大于某一规定值。

按照这些要求所生产的稳定电源,它能输出的电压、电流及其调节范围等,称为电源的特性指标;它的电压或电流稳定度、纹波等,则称为电源的技术指标或质量指标。电源的特性指标很简单,电源的技术指标则有一确定的含义,现对主要的电源指标分述如下。

1.2.1 特性指标

(1)最大输出电流。它主要取决于主调整管的最大允许耗散功率和最大允许工作电流。

(2)输出电压和电压调节范围。这是按照负载的要求来决定的。如果需要的是固定电源的设备,其稳压电源的调节范围最好小些,电压值一旦调定就不可改变。对于商用电源,其输出范围都从零伏起调,调压范围要宽些,且连续可调。

(3)效率。稳压电源本身是个换能器,在能量转换时有能量损耗,这就存在转换的效率问题。要提高效率主要是要降低调整管的功耗,这样既节能,又提高了电源的工作可靠性。

(4)保护特性。在直流稳压电源中,当负载出现过载或短路时,会使调整管损坏,因此,电源中必须有快速响应的过流、短路保护电路。另外,当稳压电源出现故障时,输出电压过高,就有可能损坏负载。因此,还要求有过压保护电路。

1.2.2 技术指标

(1)电压调整率(S_v)。当市电电网变化时(±10%的变化是在规定允许范围内),输出直流电压也相应地变化。而稳压电源就应尽量减小这种变化。电压稳定度表征电源对市电电网变化的抑制能力。

表征电源对市电电网变化的抑制能力也用电压调整率 S_v 表示。其电压调整率 S_v 的定义:当电网变化 10% 时输出电压相对变化量的百分比。

$$S_v = \left| \frac{\Delta U_o}{U_o} \right|_{\Delta I_I = 0} \times 100\% \qquad (1.1)$$

式(1.1)中 S_v 值越小,表示稳压性能越好。

(2)内阻(r_n)。当负载电流变化时,电源的输出电压也会发生变化,变化数值越小越好。内阻正是表征电源对负载电流变化的抑制能力。

电源内阻 r_n 的定义:当市电电网电压不变情况下,电源输出电压变化量 ΔU_o 与输出电流变化量 ΔI_o 之比,即

$$r_n = \left| \frac{\Delta U_o}{\Delta I_o} \right|_{\Delta U_i = 0} \qquad (1.2)$$

显然,r_n 越小,抑制能力越强。

(3)电流调整率。电流调整率 S_I 是指在输入电压 U_i 恒定的情况下,负载电流 I_I 从零变到最大时,输出电压 U_o 的相对变化量的百分数,即

$$S_I = \left| \frac{\Delta U_o}{U_o} \right|_{\Delta U_i = 0} \times 100\% \qquad (1.3)$$

从式(1.3)可以看出,S_I 越小,说明电流的调整率越好。电流调整率的大小在一定程度上也反映了内阻 r_n 的大小,它们都是表示在负载电流变化时,输出电压保持稳定的能力。因此,在一般情况下,二者只用其一,在较多的场合均用内阻 r_n 这个指标。

(4)纹波系数(S_o)。电源输出电压中存在着纹波电压,它是输出电压中包含的交流分量。如果纹波电压太大,音响设备就可能产生杂音,电视就可能产生图像扭动、滚动干扰等。

输出电压中的交流分量的大小,常用纹波系数 S_o 表示,即

$$S_o = \frac{U_{mn}}{U_o} \qquad (1.4)$$

式中　U_{mn}——输出电压中交流分量基波最大值;

　　　U_o——输出电压中的直流分量。

由式(1.4)可知,S_o 越小说明纹波干扰越小。

(5)温度系数。温度系数是用来表示输出电压温度的稳定性。在输入电压 U_i 和输出电流 I_o 不变的情况下,由于环境温度 T 变化引起输出电压 U_o 的漂移量 ΔU_o,称为温度系数 S_T,即

$$S_T = \left| \frac{\Delta U_o}{\Delta T} \right|_{\substack{\Delta I_o = 0 \\ \Delta U_i = 0}} \qquad (1.5)$$

S_T 越小,说明电源输出电压随温度变化而产生的漂移量越小,电源工作就越稳定。

1.3　稳定电源的分类及其适应范围

1.3.1　稳定电源的分类

目前生产的电源种类很多,对于品种繁多的稳定电源可以从不同的角度去分类。

稳定电源可分为交流稳定电源和直流稳定电源。稳定电源的输出是稳定电压,为稳压电源;输出的是稳定电流,为稳流电源。

直流稳压电源分为线性稳压电源和非线性稳压电源两大类。

线性电源按稳定方式分,有参数稳压电源和反馈调整型稳压电源。参数稳压电源电路较简单,主要是利用元件的非线性实现稳压。比如,一只电阻和一只稳压二极管即构成参数稳压器。反馈调整型稳压电源具有负反馈闭环,是闭环自动调整系统,它的优点是技术成熟,性能优良、稳定,设计与制造简单。缺点是体积大,效率低。

非线性电源主要是指开关电源,开关电源的分类方法多种多样,按激励方式分,有自激式和他激式。按调制方式分,保持开关工作频率不变,控制导通脉冲宽度的,常称为脉宽调制型(PWM);保持开关导通时间不变,改变工作频率的,常称为频率调制型(PFM);宽度和频率均改变的常称为混合型。按开关管电流工作方式分,有开关型变换器和谐振型变换器,前者是用晶体管开关把直流变成方波或准方波的高频交流,后者是将晶体管开关连接在 LC 谐振电路上,开关电流不是方波而是正弦波或准正弦波。按使用开关管的类型分为有晶体管型和可控硅型。

1.3.2　各类稳定电源的特点及适用范围

各类稳定电源各有其特点,以适应不同的使用要求。

(1)由稳压管和恒流管所构成的稳定电路很简单,但它们所稳定的电压或电流由于管子本身的参数所确定,是一个固定值,而且只能输出毫安级的电流,因此它们常被作为小功率的专业用电源。

稳压管构成的稳定电路,还被用来输出基准电压;恒流管构成的稳定电路,也可用作为恒流负载。

(2)三极管作为调整管的并联调整电路,因为效率很低,这种调整电路已很少被采用,目前通用的多是串联调整电路。

串联调整式线性稳定电源可以达到高稳定、低纹波、低噪声等要求,但是和开关电源相比,开关电源有效率高、体积小、质量轻等优点。开关电源的缺点是纹波和噪声较大,稳定度达不到高的指标。按照上述特点,线性电源用于精密测量、精密仪器等高要求的场合,开关电源则用于家用电器、微型计算机、携带式仪器等要求电源体积小、质量轻的负载供电。

(3)晶闸管的耐压可达几千伏,甚至上万伏,电流也可达几百安培,因此,常被用来制造大容量的稳压、稳流电源。当稳定电源的输出电压在 100 V 以上,同时电流在 2 000 A 以上时,往往采用晶闸管作为调整器件。

(4)集成稳压电路体积小,使用方便,质量指标一般,现已被广泛地应用于电子计算机等小型电子设备中,亦可用于高质量稳定电源的前置稳定。

1.4　电源技术的发展概况

人类的经济活动现已到了工业经济时代,并正在转入高新技术产业迅猛发展的时期。电源是位于市电(单相或三相)与负载之间,向负载提供优质电能的供电设备,是工业的基础。

电源技术是一种应用功率半导体器件、综合电力变换技术、现代电子技术、自动控制技术的多学科的边缘交叉技术。随着科学技术的发展,电源技术又与现代控制理论、材料科学、电机工程、微电子技术等许多领域密切相关。目前,电源技术已逐步发展成为一门多学科互相渗透的综合性技术学科。它对现代通信、电子仪器、计算机、工业自动化、电力工程、国防及某些高新技术提供高质量、高效率、高可靠性的电源起着关键作用。

当代许多高新技术均与市电的电压、电流、频率、相位和波形等基本参数的变换和控制相关,电源技术能够实现对这些参数的精确控制和高效率的处理,特别是能够实现大功率电能的频率变换,从而为多项高新技术的发展提供有力的支持。因此,电源技术不但本身是一项高新技术,而且还是其他多项高新技术的发展基础。电源技术及其产业的进一步发展必将为大幅度节约电能、降低材料消耗以及提高生产效率提供重要的手段,并为现代生产和现代生活带来深远的影响。

当今,电子产品已普及到工作与生活的各个方面,其性能价格比愈来愈高,功能愈来愈强,但其供电的电源电路在整机电路中是相当重要的。它的性能良好与否直接影响整个电子产品的精度、稳定性和可靠性。随着电子技术的飞速发展,电源技术也得到了很大的发展,它从过去的不太复杂的电子电路变为今日的具有较强功能的功能模块。电压稳定的方式,由传统的线性稳压发展到今天的非线性式稳压,电源电路也由简单变得复杂,电源技术正从过去附属于其他电子设备的状态,逐渐演变成为一个独立学科分支。

我们一般应用的串联调整稳压电源,是连续控制的线性稳压电源。这种传统的串联稳压器,调整管总是工作于放大区,流过的电流是连续的。这种稳压的缺点是承受过载和短路的能力差,效率低,一般只有35% ~60%。由于调整管上损耗较大的功率,所以需要采用大功率调整管并装有体积较大的散热器。

开关电源的调整管工作在开关状态,功率损耗小,效率可高达70% ~95%。开关稳压电源省去了笨重的变压器,所以稳压器体积小、质量轻,调整管功率损耗较小,散热器也随之减小,此外,开关频率工作在几十千赫,滤波电感、电容可用较小数值的元件。允许的环境温度也可大大提高。但是,由于调整元件的控制电路比较复杂,输出纹波杂音电压较高,瞬态响应较差,所以开关电源的应用也受到一定的限制。

电源技术的发展离不开技术创新。1947 年晶体管问世,随后不到 10 年,可控硅整流器(SCR,现称晶闸管)在晶体管逐趋成熟的基础上问世,从而揭开了电源技术长足发展的序幕。半个世纪以来,电源技术的发展不断创新。

(1)高频变化是电源技术发展的主流。电源技术的精髓是电能变换,即利用电能变化技术,将市电或电池等一次电源变换成适用于各种用电对象的二次电源。开关电源在电源技术中占有重要地位,从 10 kHz 发展到高稳定度、大容量、小体积、开关频率达到兆赫级的高频开关电源,为高频变换提供了物质基础,促进了现代电源技术的繁荣和发展。高频化带来最直接的好处是降低原材料消耗、电源装置小型化、加快系统的动态反应,进一步提高电源品质以进入更广阔的领域,特别是高新技术领域,进一步扩展了它的应用范围。

(2)新理论、新技术的指导。谐振变换、移相谐振、零开关 PWM、零过渡 PWM 等电路理论;功率因数校正、有源箝位、并联均流、同步整流、高频磁放大器、高速编程、遥感遥控、微机监控等新技术,指导了现代电源技术的发展。

(3)新器件、新材料的支撑。绝缘栅双极型晶体管(IGBT)、功率场效应晶体管(MOS-

FET)、智能 IGBT 功率模块(IPM)、MOS 栅控晶闸管(MCT)、静电感应晶体管(SIT)、超快恢复二极管、无感电容器、无感电阻器、新型铁氧体、非晶和微晶软磁合金、纳米晶软磁合金等元器件,发展了现代电源技术,促进产品升级换代。

(4)控制的智能化。控制电路、驱动电路、保护电路采用集成组件。控制电路采用全数字化。控制手段采用微处理器和单片机组成的软件控制方式,达到了较高的智能化程度,进一步提高了电源设备的可靠性。

(5)电源电路的模块化、集成化。电源技术发展的特点是电源电路的模块化、集成化。目前,单片电源和模块电源逐渐取代整机电源,功率集成技术简化了电源的结构,已经在通信、电力等领域获得广泛的应用,并且派生出新的供电体制——分布式供电,使集中供电单一体制走向多元化。

(6)电源设备的标准规范。今天的市场是超越区域融贯全球的一体化市场,电源设备要进入市场,必须遵从能源、环境、电磁兼容(EMC)、贸易协定等共同准则,电源设备生产厂家必须接受安全、EMC、环境、质量体系等多种标准规范的认证。

小　结

用电设备对供电电源要求电压要稳定、能提供足够的功率。电源自身质量轻、体积小、效率高等。

稳定电源有其特性指标和技术指标,这些指标(技术参数)是衡量电源质量优劣的标准。

稳定电源的电路有多种形式,分类方法有按电路形式分、所用元器件分、电路工作方式分等。

电源也融入了现代电子技术,也随着电子技术的发展而发展。由于现代电子设备对电源的要求很高,因此现代电源应用了功率半导体、综合电力变换技术、现代电子技术和自动控制技术等多学科边缘交叉技术。

思考题与练习题

1.1　为什么电源输出要稳定?

1.2　稳定电源主有哪几种类型? 列举你所见到的电源属于哪种类型?

1.3　简述稳定电源的性能要求。

1.4　稳定电源的主要技术指标有哪些?

1.5　上网查询现代稳定电源应用了哪些新技术。

直流线性稳压电源

本章要点

单相桥式整流电路的结构与工作原理

单相桥式整流电路相关参数的计算

滤波电路的工作原理与相关参数的计算

基本稳压电路的工作原理及组成

集成稳压电源的组成及应用

由晶体管、集成组件、集成电路等所组成的电路,以及由它们所组成的仪器、设备,为了保证其正常工作,需要一个稳定的直流电源。

然而电网所供给的是交流电,将此交流电转换为电子设备所需的直流电,由直流稳压电源来提供。

直流稳压电源的组成框图如图2.1所示,它是由电源变压器、整流电路、滤波电路和稳压电路4大部分组成。

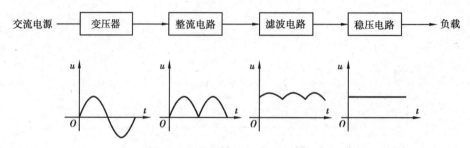

图2.1 直流稳压电源的组成框图

(1)交流电压变换部分是将交流电网提供的交流电压变换到电子电路所需要的交流电。同时还可起到直流电源与电网的隔离作用。

(2)整流部分是将变压器变换后的交流电压变为单向的脉动电压(脉动直流)。

(3)滤波部分是对整流部分输出的脉动直流进行平滑处理,使之成为一个含纹波成分很小的直流电压。

(4)稳压部分是将滤波输出的直流电压进行调节,以维持输出电压的基本稳定。由于滤波后输出直流电压受温度、负载、电网电压波动等因素的影响很大,所以要设置稳压电路。

2.1 整流电路

所谓整流电路,就是把交流电能变换为单极性电能的电路,而滤波电路是使整流电路输出的直流成分顺利通过,交流成分被衰减,保证整流器输出脉动值合乎平滑直流电的规定。

整流电路的种类很多,可分为单相、三相与多相整流电路,还可分为半波、全波或桥式整流电路。本章主要以单相整流电路为主叙述其工作原理。

2.1.1 单相半波整流电路

图2.2为单相半波整流电路。为了分析问题清晰,将二极管视为理想的开关特性,即PN结为正向电压时视为短路,PN结为反向电压时视为断路。

电源变压器T的初级线圈接到市电电网上,次级线圈的交流电压为 $u_2 = U_{2m} \sin \omega t = \sqrt{2} U_2 \sin \omega t$。其中 U_{2m} 为其幅值, U_2 为有效值。当 u_2 变化为正半周时,二极管VD受正向电压偏置而导通,电流流过负载电阻

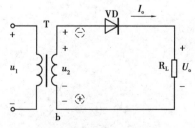

图2.2 单相半波整流电路

R_L。当 u_2 变化为负半周时,二极管 VD 不导通,没有电流流过负载电阻,因此,负载电阻上的电压是单向脉动直流电压。脉动电压的平均值就是整流后的直流输出电压。图 2.3 是半波整流的电流电压波形图。

输出直流电压 U 应等于 U_2 在一个周期内的平均值,即

$$U_{(AV)} = \frac{1}{2\pi}\int_0^{2\pi} U_{2m} \sin \omega t$$

$$= \frac{U_{2m}}{\pi} = \frac{\sqrt{2}}{\pi}U_2 = 0.45U_2 \qquad (2.1)$$

流过整流管的平均电流值为

$$I_{(AV)} = \frac{U_{(AV)}}{R_L} = \frac{0.45U_2}{R_L} \qquad (2.2)$$

二极管截止时承受的最大反向电压为

$$U_{RM} = U_{2m} = \sqrt{2}U_2 \qquad (2.3)$$

根据以上分析,显然,选择二极管的最大整流电流 I_{VD_m} 应大于 $I_{(AV)}$;选择二极管最大反向工作电压 U_R 应大于 U_{RM}。

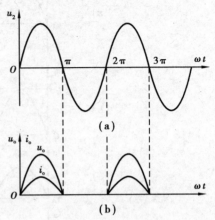

图 2.3　半波整流波形
(a)u_2 波形图;(b)u_o 波形图

2.1.2　单相桥式整流电路

单相桥式整流电路是目前在工程上最常用的整流电路。其典型电路如图 2.4(a)所示。电路由变压器、4 只二极管和负载组成。为了绘图方便,桥式整流电路常画成如图 2.4 (b)(c)(d)所示的几种形式。

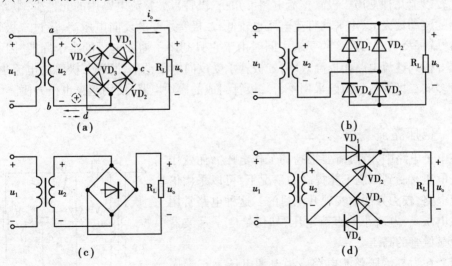

图 2.4　桥式整流电路

桥式整流波形如图 2.5 所示。比较全波与半波的输出波形可以看出,输出桥式全波整流电压的平均值是半波整流电路的两倍,即

$$U_{(AV)} = 0.9U_2 \qquad (2.4)$$

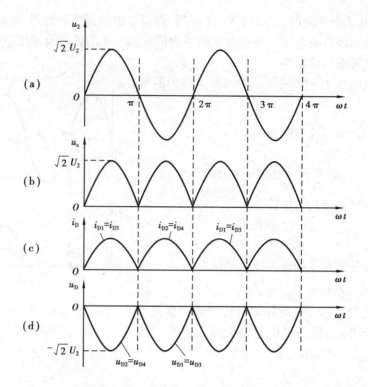

图2.5 桥式整流负载上电流电压波形

二极管截止时承受 U_{2m} 的反向电压。流过每一个二极管的平均电流却只是负载平均电流的一半，因此选择二极管参数的依据与半波整流相比有所不同。由于交流正负两半周均有电流流过负载，因此变压器的利用率也比半波整流高。

比较以上几种常用二极管整流电路可知：二极管半波整流电路用的元件少，电路简单，但输出的波动较大，输出平均直流电压也较低，二极管承受的反向电压高，流过二极管的电流大，这就提高了对二极管的要求。同时由于它只利用了输入电压的半个周期，因此效率也较低。桥式整流电路能提高效率，二极管承受反向电压也小，通过二极管的电流也小；但需要较多的二极管。目前已采用 4 个二极管组成的模块电路，使用起来也很方便。

2.1.3 倍压整流

在电子电路中，有时需要很高的工作电压。而变压器次级电压又受到限制不能提高的情况下，可以采用倍压整流电路，较为方便地实现升压目的。这种电路常用来提供电压高、电流小的直流电压，如供给电子示波器或电视显像管的高压。

图2.6 为二倍压整流电路。当电源电压为正半周时，变压器次级上端为正下端为负，二极管 VD$_1$ 导通，VD$_2$ 截止，电容 C$_1$ 被充电，其值可充到 $\sqrt{2}U_2$（U_2 为 u_2 的有效值）。

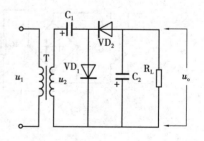

图2.6 二倍压整流电路

当电源电压为负半周,变压器次级上端为负下端为正,二极管 VD_1 截止,VD_2 导通,电容 C_2 被充电,其充电电压为变压器次级电压与电容 C_1 电压之和。如果电容 C_1 的容量足够大,则电容 C_1 上电压可充至 $2\sqrt{2}U_2$,为一般整流电路输出电压的两倍。

以上分析是不接负载的情况。如果接上负载,当负载电流较大时,变压器次级电压和电容 C_1 上电压串联起来对 C_2 充电时,C_1 上的电压就会发生显著的变化(逐渐降低),C_2 上的充电电压就会达不到 $2\sqrt{2}U_2$,输出电压也就达不到二倍压,且负载电流越大,这现象越严重。为了增加倍压效果,所选电容的电容量应该随负载电流的增大而加大。也可说这种整流电路适用小电流的情况。作为估算,电容与其两端等效负载电阻的乘积(RC 为时间常数),应等于交流电压一个周期的 5 倍以上。

如果要得到更高的电压,可进行多次倍压整流。图 2.7 为多次倍压整流电路。只要把更多的电容串联起来,并按排相应的二极管分别给它们充电,就可以得到更多倍的直流输出电压。

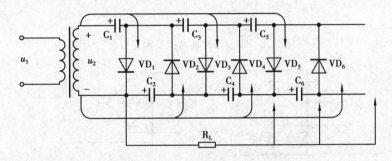

图 2.7　多次倍压整流电路

在图 2.7 中,当 u_2 为正半周时,VD_1 导通,u_2 通过 VD_1 向电容 C_1 充电,充电电压 $u_{c1} \approx \sqrt{2}U_2$,而在 u_2 的负半周 VD_1 截止,VD_2 导通,u_2 与 u_{c1} 相加后通过 VD_2 向电容 C_2 充电,充电电压 $u_{c2} \approx 2\sqrt{2}U_2$。当 u_2 的第二个正半周来到时,VD_1 再次导通,并向 C_1 再次充电,补充它在 VD_2 导通时所泄放的电荷,同时加在 VD_3 上的电压为正向电压使 VD_3 导通,向 C_3 充电,充电电压 $u_{c3} = u_2 + u_{c2} - u_{c1} \approx 2\sqrt{2}U_2$;第二负半周时,$VD_2$ 再次导通,并向 C_2 再次充电,补充其电荷,同时加在 VD_4 的电压为正向使 VD_4 导通,向 C_4 充电,充电电压 $u_{c4} = u_2 + u_{c1} + u_{c3} - u_{c2} \approx 2\sqrt{2}U_2$。以后正负半周以此类推,也就是 u_2 正半周,VD_1、VD_3、VD_5……导通,C_1、C_3、C_5……充电。而在 u_2 的负半周 VD_2、VD_4、VD_6……导通,C_2、C_4、C_6……充电。最后只要负载接到有关电容组的两端就可以得到相应的多倍直流电压。

2.1.4　常用整流组合元件

将单相桥式整流电路的 4 只二极管制作在一起,封成一个器件称为整流桥。常用的整流组合元件有半桥堆和全桥堆。半桥堆的内部是由两个二极管组成,如图 2.8 所示;而全桥堆的内部是由 4 个二极管组成,如图 2.9 所示。

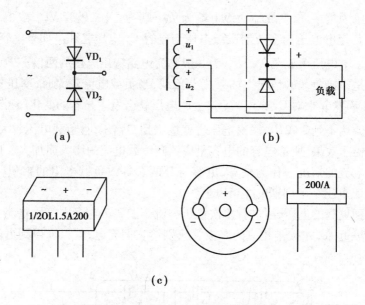

图2.8　半桥堆连接方式及电路符号

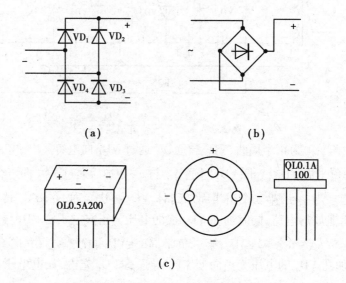

图2.9　全桥堆连接方式及电路符号

2.2　滤波电路

从整流电路来看,无论哪种整流电路,它们的输出电压都会有较大的脉动成分。尽管全波整流电路的纹波系数较之半波有了很大进步,但用它去给电子设备供电,其纹波成分仍是无法接受的,它会使电子设备工作不正常,并引起很大交流声。因此,需要进一步对脉动波形进行平滑,以便接近理想的直流电压。这样的措施就是滤波,实现这种措施的电路就是滤波电路。

电容和电感是组成滤波电路的重要元件。这里介绍几种常用的滤波电路。

2.2.1 电容滤波

下面讨论单相桥式整流电容滤波电路。它的原理图如图 2.10 所示。

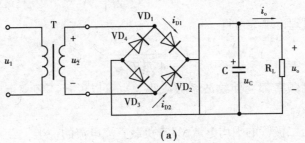

(a)

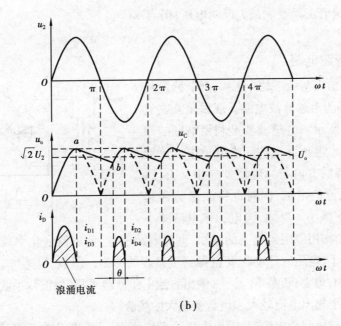

(b)

图 2.10 具有电容滤波桥式整流电路及波形图
(a)电路;(b)电压、电流波形

假定在 $t=0$ 时接通电路,u_2 为正半周,当 u_2 由零上升时,VD_1、VD_3 导通,C 被充电,因此 $u_o = u_C \approx u_2$,在 u_2 达到最大值时,u_o 也达到最大值,见图 2.10(b)中 a 点,然后 u_2 下降,此时 $u_C > u_2$,VD_1、VD_3 截止,电容 C 向负载电阻 R_L 放电,由于放电时间常数 $\tau = R_L C$ 一般较大,电容电压 u_C 按指数规律缓慢下降。当 $u_o(u_C)$ 下降到图 2.10(b)中 b 点后,$u_2 > u_C$,VD_2、VD_4 导通,电容 C 再次被充电,输出电压增大,以后重复上述充、放电过程。

整流电路接入滤波电容后,不仅使输出电压变得平滑、纹波显著减小,还使输出电压的平均值增大了。

输出电压的平均值近似为:$U_o \approx 1.2 U_2$

桥式整流电容滤波电路有如下特点:

(1)在一个周期内,电容两次被充电,由于被充电的时间间隔缩短,故电容上储存电荷的变化百分比减小,输出整流电压的纹波减小,同时直流成分也有所增大。

$$U_{(AV)} = (1.0 \sim 1.2)U_2 \qquad (2.5)$$

由于电容放电时间比半波情况缩短一半,所以滤波电容选择的估算公式为

$$C \geqslant (3 \sim 5)\frac{T}{2R_L} \qquad (2.6)$$

纹波系数,通过理论推导可得

$$\gamma = \frac{1}{4\sqrt{3}fR_LC} \qquad (2.7)$$

显然,增大 C 和提高频率都会使纹波系数减小。也可以说提高频率可以降低滤波电容的容量。

(2)每一个整流二极管的平均电流,只有负载直流电流的一半。

(3)整流二极管所承受的最大反向电压,仍为$\sqrt{2}U_2$。

2.2.2　电感滤波电路

在整流电路输出与负载之间接一个电感量较大电感线圈 L,即为电感滤波电路。现以全波整流为例,如图 2.11 所示。电感滤波是利用电感的储能作用来减小输出电压脉动的。当电感中电流增大时,自感电动势的方向与原电流方向相反,自感电动势阻碍了电流的增加,同时也将能量储存起来,使电流变化率减小。反之,当电感中电流减小

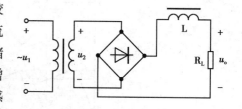

图 2.11　电感滤波电路

时,自感电动势的作用以阻碍电流的减小,同时释放能量,使电流变化率减小。这样一来,电流的变化率小了,电压的脉动程度也得到了良好的抑制。所以,电感可以起到平滑电流的作用。电感量 L 愈大,负载 R_L 愈小,输出直流电压就愈平稳,滤波效果就愈好,也就是说电感滤波较适用于输出电流较大和负载变化大的场合。

如果忽略电感线圈的电阻时,输出电压的平均值 $U_{L(AV)} = 0.9U_2$,与不加电感的全波整流电路一样。

与电容滤波相比较,电感滤波一个显著的特点,就是整流管的导电角大,流过二极管的峰值电流小,平均值大,输出特性平坦,其缺点是体积大、笨重、成本高。

2.2.3　其他形式滤波电路

1)LC 型滤波电路

电感滤波电路输出电压平均值 U_o 的大小一般按经验公式计算。

$$U_o = 0.9U_2$$

如果要求输出电流较大,输出电压脉动很小时,可在电感滤波电路之后再加电容 C,组成 LC 滤波电路,这种电路不论对小电流和大电流的负载都能起到很好的滤波效果。如图 2.12 所示。

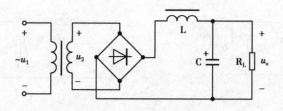

图 2.12　LC 型滤波电路

2）π 型滤波电路

为了进一步减小负载电压中的纹波,可采用图 2.13 所示 π 型 LC 滤波电路。这种滤波电路相当一级电容滤波电路与一级倒 L 型滤波电路串联而成。

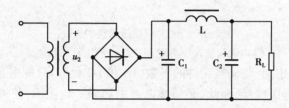

图 2.13　π 型 LC 滤波电路

整流输出电压先经 C_1 进行电容滤波,使脉动成分减小,然后再经过 L、C 组成的倒 L 型低通滤波,使脉动成分进一步减小。因此 π 型滤波电路可提高滤波效果。

2.3　稳压电路

所谓稳压,就是将原来某个不够稳定的电源电压(U_i)通过稳压环节或稳压电路后变稳定了(U_o),如图 2.14 所示。

图 2.14　稳压电路的作用

串、并联稳压调整的原理如图 2.15 所示。按照图 2.15(a)所示的电路,输出电压为

$$U_o = U_i - I_L R$$

当输入电压 U_i 增大或减小时,将串联电阻 R 值作相应地增大或减小,可保证输出电压 U_o 稳定。

按照图 2.15(b)所示的电路输出电压

$$U_o = U_i - (I_Z + I_L)R$$

当输入电压 U_i 增大或减小时,将并联电阻 R_Z 值作相应地减小或增大,使 I_Z 值的变化以及对应的 $(I_Z + I_L)R$ 值的变化恰好抵消 U_i 的变化,由此可保证输出电压 U_o 的稳定。

图 2.15(a)所示电路,起稳压作用的调整元件与负载串联,称为串联调整;图 2.15(b)所示的电路,起稳压作用的调整元件与负载并联,故称为并联调整。

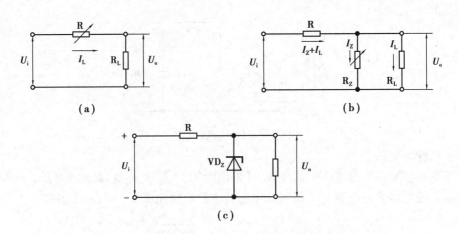

图 2.15 串、并联稳压调整的原理

(a)串联调整;(b)并联调整;(c)稳压管并联调整

在并联调整电路中,并联调整元件的参数(R_Z 值)变化时,只能引起电路中总的电流值的变化;而输入的是电压信号,因此,必须在电路中串联一电阻 R,使调整元件所引起的电流变化转换成电压的变化,去抵消输入电压 U_i 的变化。串联的 R 值越大,抵消作用越强。

2.3.1 硅稳压管稳压电路

图 2.15(b)所示的并联调整电路,当输入的电压变化时,为了保证输出电压的稳定,必须由人适当地调节 R_Z 值。通常输入电压 U_i 总是有些波动的,这样,就需要人经常调节电阻 R_Z。这种稳压调节的方法很不方便。图 2.15(b)所示的稳压电路中的 R_Z,若用稳压管代替,利用了稳压管的工作特性,就可达到自动调节的作用。如图 2.15(c)所示。

需要说明的是:若限流电阻 R 阻值大,则对输入电压变化的抵消作用强;若稳压管的动态电阻小,起调节作用的稳压管的电流变化时,稳压管两端的电压,即输出电压的变化小;但是当限流电阻 R 阻值大时,在 R 上要降落 U_i 的很大部分电压,以及消耗较多的功率,因此效率低。所以,这种稳压电路往往用于小电流的场合。

在实际应用中,为了获得更为稳定的电压,常采用两级稳压管稳压的电路,如图 2.16 所示。

图 2.17 所示为 CT5A 型直流高斯计中的稳压电源。两个次级线圈的电压均为 36 V。次级线圈所提供的交流电,经桥式整流和电容滤波后,再由两级稳压管稳压电路进行稳压,将稳压后的一组 +12 V 和一级 –12 V,作为运算放大器的电源。

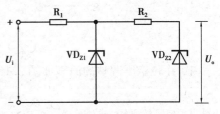

图 2.16 两级稳压管稳压电路

在图 2.17 所示的线路中,第一级稳压电路中采用两个型号为 2CW60 的稳压管串接,而不是选用一稳定电压为 2CW60 管 2 倍的稳压管,这是由于在这仪器中,所有稳压电源的稳压管均采用 2CW60 这一种型号,可以减少元件种类。

稳压管稳压电路结构简单,成本低,但效率低,故适用于小电流的负载。电流较大的负载,一般都采用串联调整式稳压电源,这种电源效率高于并联调整式稳压电源。

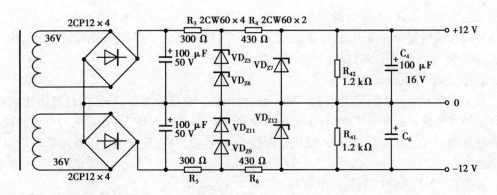

图 2.17　CT5A 型高斯计中的稳压电源

2.3.2　串联型稳压电路

1)串联调整式稳压电路的工作原理

图 2.18 所示方框图是市电交流变换成直流电源过程的示意图。图中 K 置 1 为没有稳压电路的直流电源。这种直流电源,当市电正常变化时,显然输出的直流电压也随之有较大的变化。当负载变化时,由于变压器绕组压降及整流二极管正向压降的变化,以及纹波变化,而使输出直流电压也会有较大的变化。因此,这种直流电源带负载能力较差。如果图中 K 置 2 时,那将会克服上述的缺点。也就是说,稳压电路的作用就是当市电或负载变化时确保输出直流电压基本不变。

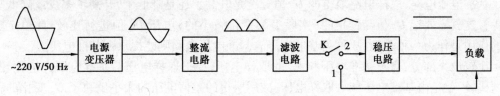

图 2.18　交流变换成直流过程示意图

那么,稳压电路是如何起到这种作用呢?从基本原理看,它是通过某处非线性器件(如晶体管、场效应管等)调整其电流或电压而使负载上直流电压保持基本不变,这种调整是靠负反馈来实现的,如图 2.19 所示。

如果调整器件与负载串联,则为串联型稳压电路;若是并联,则为并联稳压电路。如果调整器件是工作在线性放大状态,就称线性稳压电路。此时,控制电路主要控制器件的电流大小及两端电压大小以实现其稳压的目的。

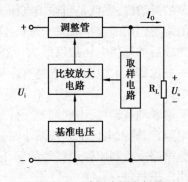

图 2.19　稳压电源方框图

如果调整器件工作于开关状态就称为开关稳压电路。只是此时调整部分中应增加滤波器,将开关状态形成的脉冲电流变换成平滑的直流电流。这时控制电路主要控制器件的脉冲电流的导通时间或周期,从而控制滤波后的直流电流的大小,以实现稳压的目的。

从图 2.19 看出:不管是线性稳压电路还是开关稳压电路,它们的共同点都是通过反馈来实现稳压的。因此,不可能做到在市电变化或负载变化时,输出电压完全不变。因为,控制信号取自调整部分的输出端,如果输出完全不变,即控制信号不变,那么输出电压就变化更大,这就产生矛盾,所以只能做到基本不变。

2)串联式线性稳压电路

在大功率开关晶体管问世以前,串联调整稳压器一直是最简单、最常用的稳压技术,其功率量级可达数百瓦到一千瓦,对于更高的功率量级,如数千瓦以上,常常采用可控硅相位控制稳压器,但是,其动态响应慢,稳压性能较差,在这里,简要地介绍一下基本串联稳压器的电路。

如图 2.20 示为串联型稳压电源的一般结构,它是由基准、调整、取样和比较 4 个环节组成。输入直流电压通常由交流 50 Hz 电网供电,经变压器,整流,滤波得到一个具有较大纹波的直流电压 U_i 经过串联调整稳压器,得到满足要求的稳定的直流输出电压 U_o,输出电压稳定度取决于基准源的稳定度,差分放大器的漂移以及反馈回路的增益。其各部分的作用是:

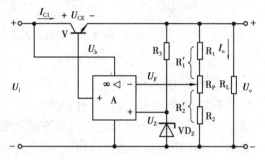

图 2.20　串联调整稳压电源电路

取样电路:调整管的调整作用是依据 U_o 的变化进行的,所以首先要检测 U_o 的变化,取样电路就在于把 U_o 的全部或部分取出来。

基准电压电路:取样电路取得的 U_o 值究竟是升高了还是降低了,升高了多少或降低了多少? 这就需要把 U_o 值与恒定的(实际上为变化微小的)电压 U_z 值进行比较,此恒定电压的作用是作为一种基准,故称为基准电压。基准电压电路则能提供一基准电压。

比较放大部分:有了基准电压和 U_o 的取样电压,要把取样电压与基准电压先进比较。所谓比较,就是由基准电压减去取样电压,减后所得的差值电压的大小反映了 U_o 变化的程度。此差值电压被加到调整管的基极,调节管子的电流 I_b,使 U_{CE} 作相应的变化。为了提高调节的灵敏度,亦就是当输出电压 U_o 有微小的变化,调整管就能起相当的调整作用。调整管的调整作用的大小取决于基极-发射极间所加的电压 U_{be} 的值,为了得到较大的 U_{be},往往把比较后的差值电压加以放大。在实际电路中,常把信号电压的比较和放大合成一个部分——比较放大电路,此电路有采用单管放大、差动放大电路的,也有采用运算放大器等电路的。

串联调整器件:串联调整元件通常由一个或多个晶体管并联或复合组成,它像一个可变电阻,当输入电压上升或减小时,晶体管的有效电阻增加或减少,通过取样、比较、放大负反馈电路来控制串联调整管的管压降(电阻),利用其 U_{CE} 的变化来调节其输出电压,保持输出电压稳定。

自然,晶体管 V 应工作在线性区,应工作在大于 2 V 的管压降上,否则工作在饱和区,不能反映电压的变化,也就不能进行有效的调整。因此,最小的输入电压应高于 $U_o + 2$ V,由于全部负载电流均流过串联调整管,其上的直流压降为输入,输出电压的差值。差值愈大,损耗愈大,尤其在最大输入电压下,串联调整管上的承受压降最大,故效率较低。

设输入电网波动为 $\pm T\%$,则最小、最大的输入直流电压分别为 $(1 - 0.01T) U_i$ 和

$(1+0.01T)U_i$。由于最小值不应低于(U_o+2)伏。所以有$(1-0.01T)U_i=(U_o+2)$。因此，最小效率为：

$$\eta=\frac{U_o}{U_{imax}}=\frac{1-0.01T}{1+0.01T}\frac{U_o}{U_o+2} \tag{2.8}$$

由此计算的效率仅适用于无纹波的输入直流以及输入电压仅高于输出电压 2 V 的情况，当输入直流有纹波时，纹波三角波的底部应高于输出电压 2 V，这时输入电流电压 U_i 必须增高，因此效率 $\eta=U_o/U_i$ 就会下降。在考虑变压器，整流器的损耗，在低压、大电流应用场合下，因全部负载电流都流过调整管，而此时调整管又工作于甲类状态，管压降 $U_{CE}>U_{CE(sat)}$，这样调整管的管耗 $P_C\approx V_{CE}I_0$ 就较大，使整个串联调整稳压器的效率很低，一般仅有 35%。同时散热器也较大，故而使整个电源的体积也较大。此外，串联调整稳压器承受过载能力差，负载长期短路，容易造成调整管损坏，必需加入相应的保护电路。

2.4　集成稳压电源

所谓集成稳压器，就是利用集成电路技术将稳定电路中的元件都制作在一个半导体芯片或绝缘基片上，进行集成化，如图 2.21 所示。线性集成稳压器是指内部的结构是线性串联式稳压方式。

集成稳压器具有体积小、重量轻、使用方便、可靠，可直接安装在印刷电路板上等优点，因此已得到广泛应用。其中小功率的稳压电源以三端式串联型稳压器应用最为普遍。集成稳压器一般分为：线性集成稳压器和开关集成稳压器两类，线性集成稳压器又分为低压差集成稳压器和一般压差集成稳压器；开关集成稳压器分为降压型集成稳压器、升压型集成稳压器和输入与输出极性相反集成稳压器。

图 2.21　三端集成稳压器

常用的三端稳压集成稳压器来组成稳压电源所需的外围元件极少，电路内部还有过流、过热及调整管的保护电路。电路中常用的集成稳压器主要有 78XX 系列、79XX 系列、可调集成稳压器、精密电压基准集成稳压器等。有时在数字 78 或 79 后面还有一个 M 或 L，如 78M12 或 79L24，用来区别输出电流和封装形式等。塑料封装的稳压电路具有安装容易、价格低廉等优点，因此使用较多。79 系列除了输出电压为负，引出脚排列不同以外，命名方法、外形等均与 78 系列相同。

2.4.1　集成稳压器的特点及类型

1）集成稳压器的特点

所谓集成稳压器，就是利用集成电路技术将稳定电路中的元件都制作在一个半导体芯片或绝缘基片上，进行集成化。线性集成稳压器内部的结构是线性串联式稳压方式。随着集成电路技术的发展，特别是大规模集成电路的发展，电子设备的体积、质量、功耗越来越小，因此要求向电子设备供电的直流电源也要小型化。

集成稳压器和由分离元件所组成的稳压电路相比,前者体积小,成本低,使用方便,它的性能在一般情况下均能满足要求,所以获得普遍应用。

2)集成稳压器常用的几种类型

从使用的角度出发,按照集成稳压器外部的接线方式和输出电压的方式不同来分类,常用的半导体线性集成稳压器有以下几类:

(1)多端可调式集成稳压器。这种稳压器和保护电路的元件需要外接,它的外接端比较多,便于适应不同的用法。它的输出电压可调,以满足不同输出电压的要求。目前国产的有 WB712、WB724、WA705 ~ 724、5G11、5G14、W601、W611 等。

(2)三端固定式集成稳压器。这类稳压器有输入、输出和公共端子,输出电压固定。集成稳压器内部包括调整管、基准、取样、比较放大、保护电路等环节。使用时,只要外接少量元件,十分方便。其电压稳定度,输出纹波及动态响应等指标都较好。目前国产集成稳压器有 CW7800、CW7900(CW7900 系列为输出负电压)等系列,其输出电压有 5,6,9,12,15,18,24,36 V,输出电流有 0.1,0.5,1.5,2,3,5 A 等系列。

(3)三端可调式集成稳压器。它有输入、输出和调节三个端子。可将稳压器并联扩大输出电流,也可将稳压器串联使用。国产有输出为正压的 W117M 和 W117,输出为负压的 W137 和 W137M 等。

(4)同时输出正、负压的集成稳压器

例如运算放大器需要供给正压,同时需要提供负压,通常分别用一个正电压稳压器和一个负电压稳压器来组成能输出正、负电压的电源,也可利用一个同时能输出正、负电压的集成稳压器来组成稳压电源,如 MC1568。

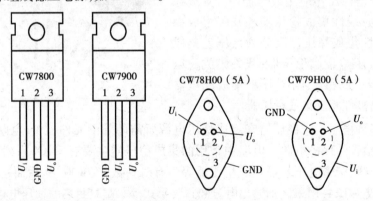

图 2.22　固定输出集成稳压器的外形及管脚排列

2.4.2　集成稳压器的应用

集成稳压器目前虽然产品的型号较多,但是从外接电路的方式来看,基本上可分为两类:一类是多端可调式;另一类是三端固定式和三端可调式。

1)三端固定输出稳压器

利用三端固定输出电压集成稳压器可以方便地构成固定输出的稳压电源,如图 2.22 所示。因为 CW7800、CW78M00、CW78L00 系列中最后两位数字表示集成稳压器的输出电压值,所以可用这两位数字选择相应型号。例如要求 6 V 输出电压,就可以选择 CW7806、

CW78M06 或 CW78L06,其输出电压偏差在 ±2% 以内。若考虑输出电流的要求,在 1.5A 以内,选用 CW7800 系列;在 0.5 A 以内的,选用 CW78M00 系列;小于 100 mA 的,选用 CW78L00 系列。

(1)改善稳压器工作稳定性和瞬变响应的措施。三端固定集成稳压器的典型应用电路如图 2.23 所示。图 2.23(a)适合 7800 系列,U_i、U_o 均是正值;图 2.23(b)适合 7900 系列,U_i、U_o 均是负值;其中 U_i 是整流滤波电路的输出电压。在靠近三端集成稳压器输入、输出端处,一般要接入 $C_1 = 0.33$ μF 和 $C_2 = 0.1$ μF 电容,其目的是使稳压器在整个输入电压和输出电流变化范围内,提高其工作稳定性和改善瞬变响应。为了获得最佳的效果,电容器应选用频率特性好的陶瓷电容或钽电容为宜。另外,为了进一步减小输出电压的纹波,一般在集成稳压器的输出端并入一个几百 μF 的电解电容。

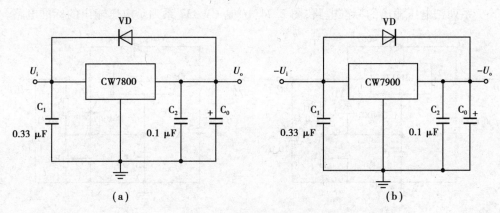

图 2.23　集成三端稳压器的典型应用
(a)CW7800 系列稳压器的典型应用　(b)CW7900 系列稳压器的典型应用

(2)确保不毁坏器件的措施。三端固定集成稳压器内部具有完善的保护电路,一旦输出发生过载或短路,可自动限制器件内部的结温不超过额定值。但若器件使用条件超出其规定的最大限制范围或应用电路设计处理不当,也是要损坏器件的。例如当输出端接比较大电容时($C_0 > 25$ μF),一旦稳压器的输入端出现短路,输出端电容器上储存的电荷将通过集成稳压器内部调整管的发射极-基极 PN 结泄放电荷,因大容量电容器释放能量比较大,故也可能造成集成稳压器损坏。为防止这一点,一般在稳压器的输入和输出之间跨接一个二极管(见图 2.23),稳压器正常工作时,该二极管处于截止状态,当输入端突然短路时,二极管为输出电容器 C_0 提供泄放通路。

(3)稳压器输入电压值的确定。集成稳压器的输入电压虽然受到最大输入电压的限制,但为了使稳压器工作在最佳状态及获得理想的稳压指标,该输入电压也有最小值的要求。输入电压 U_i 的确定,应考虑如下因素:稳压器输出电压 U_o;稳压器输入和输出之间的最小压差 $(U_i - U_o)_{\min}$;稳压器输入电压的纹波电压 U_{RIP},一般取 U_o、$(U_i - U_o)_{\min}$ 之和的 10%;电网电压的波动引起的输入电压的变化 ΔU_i,一般取 U_o、$(U_i - U_o)_{\min}$、U_{RIP} 之和的 10%。对于集成三端稳压器,$(U_i - U_o) = 2 \sim 10$ V 具有较好的稳压输出特性。例如对于输出为 5 V 的集成稳压器,其最小输入电压 U_i 为:

$$U_{i\min} = U_o + (U_i - U_o)_{\min} + U_{RIP} + \Delta U_i = 5 + 2 + 0.7 + 0.77 \approx 8.5 \text{ V}$$

2) 三端可调集成稳压器

三端固定输出集成稳压器主要用于固定输出标准电压值的稳压电源中。虽然通过外接电路元件,也可构成多种形式的可调稳压电源,但稳压性能指标有所降低。集成三端可调稳压器的出现,可以弥补三端固定集成稳压器的不足。它不仅保留了固定输出稳压器的优点,而且在性能指标上有很大的提高。它分为 CW317(正电压输出)和 CW337(负电压输出)两大系列,每个系列又有 100 mA,0.5 A,1.5 A,3 A…品种,应用十分方便。就 CW317 系列与 CW7800 系列产品相比,在同样的使用条件下,静态工作电流 I_Q 从几十毫安下降到 50 μA,电压调整率 S_V 由 0.1% 达到 0.02%,电流调整率 S_I 从 0.8% 提高到 0.1%。

CW317,CW337 系列三端可调稳压器使用非常方便,只要在输出端上外接两个电阻,即可获得所要求的输出电压值。它们的标准应用电路如图 2.24 所示,其中图 2.24(a)是 CW317 系列正电压输出的标准电路;图 2.24(b)是 CW337 系列负电压输出的标准电路。

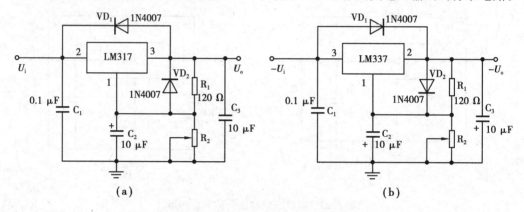

图 2.24 三端可调集成稳压器的典型应用

(a)CW317 系列三端可调稳压器典型应用电路 (b)CW337 系列三端可调稳压器典型应用电路

在图 2.24(a)电路中,CW317 输出端和调整端电压差恒定为 1.25 V,通过外部串联电阻的分压作用,可使输出电压稳定,其输出电压的表达式为:

$$U_o = 1.25 \times \left(1 + \frac{R_2}{R_1}\right) + 50 \times 10^{-6} \times R_2 \approx 1.25 \times \left(1 + \frac{R_2}{R_1}\right)$$

式中第二项是 CW317 的调整端流出的电流在电阻 R_2 上产生的压降。由于电流非常小(仅为 50 μA),故第二项可忽略不计。

在空载情况下,为了给 CW317 的内部电路提供回路,并保证输出电压的稳定,电阻 R_1 不能选得过大,一般选择 $R_1 = 100 \sim 120$ Ω。调整端上对地的电容器 C_2 用于旁路电阻 R_2 上的纹波电压,改善稳压器输出的纹波抑制特性。一般 C_2 的取值在 10 μF 左右。

2.4.3 集成稳压器的选择及注意事项

1) 集成稳压器的选择

在选择集成稳压器时应该兼顾性能、使用和价格等方面,目前市场上的集成稳压器有三端固定输出电压式、三端可调输出电压式、多端可调输出电压式和开关式 4 种类型。

在要求输出电压是固定的标准系列值,且技术性能要求不是很高的情况下,可选择三端固定输出电压式集成稳压器。比如选择 CW7800 系列可获得正输出电压,选择 CW7900

系列可获得负输出电压。由于三端固定输出电压式集成稳压器使用简单,不需要做任何调整,价格较低,应用范围非常广泛。

在要求稳压精度较高且输出电压能在一定范围内调节时,可选用三端可调输出电压式集成稳压器,这种稳压器也有正和负输出电压以及输出电流大小之分,选用时应注意各系列集成稳压器的电参数特性。

多端可调输出电压式集成稳压器,例如五端型可调集成稳压器,因它有特殊的限流功能,可利用它组成具有控制功能的稳压源和稳流源,它是一种性能较高而价格又较便宜的集成稳压器。

单片开关式集成稳压器的一个重要优点是具有较高的电源利用率,目前国内生产的CW1524,CW2524,CW3524 系列是集成脉宽调制型,用它可以组成开关型稳压电源。

2)使用集成稳压器的注意事项

(1)不要接错引脚线,对于多端稳压器,接错引线会造成永久性损坏,对于三端稳压器输入和输出接反,当两端电压差超过 7 V 时,有可能使稳压器损坏。

(2)输入电压不能过低,输入电压 U_i 不能低于输出电压 U_o 和调整管的最小压差 $(U_i - U_o)_{min}$ 以及输入端交流分量峰值电压 U_p 三者之和,即 $U_i > U_o + (U_i - U_o)_{min} + U_p$,否则稳压器的性能将降低,纹波增大。

(3)输入电压也不可过高,不要超过 U_{imax},防止集成稳压器损坏。

(4)功耗不要超过额定值,对于多端可调稳压器,若输出电压调到较低电压时,防止调整管上压降过大而超过额定功耗,为此在输出低电压时最好同时降低输入电压。

(5)防止瞬时过电压,对于三端稳压器,如果瞬时过电压超过输入电压的最大值且具有足够的能量时,将会损坏稳压器。当输入端离整流滤波电容较远时,可在输入端与公共端之间加 1 个电容器(如 0.33 μF)。

(6)防止输入端短路,如果输出电容 C_o 较大,一旦输入端短路,由于输出端的电容存储电荷较多,将通过调整管泄放,有可能损坏调整管,所以要在输入与输出端之间连接 1 个保护二极管,正极连输出端,负极连输入端。

(7)防止负载短路,尤其对未加保护措施的稳压器而言更要注意。

(8)大电流稳压器要注意缩短连接线和安装足够的散热器。

小　结

直流电能往往是从交流电网通过整流而来的,整流电路分单相和三相,我们所介绍的是单相半波整流、全波整流和桥式整流。其中桥式整流因其脉动小效率高而得到广泛的应用。

滤波电路是为了更好地平滑整流输出电压。滤波电路有多种,电容滤波因其外特性软而多用于小电流场合,而电感滤波则因其外特性硬而多用于大电流场合。在电容滤波电路里,充电时间常数应远小于其放电时间常数,只有如此,才能起到平滑、抑制纹波的作用。

并联稳压电源,通常利用稳压二极管进行稳压,虽然电路简单,但效率低,只适用于低电压、小电流输出电源。

串联线性稳压电源是在后级采用负反馈技术,使输出电压纹波、稳定度等指标大大提高,根据不同的实际情况应选择不同的稳压电路。

集成线性稳压器具有体积小、成本低、使用方便的优点,所以获得普遍应用。集成稳压器,可以灵活接成固定电压输出、可调电压输出、对称电压输出及扩展电流输出等方式,满足电路的需要。

思考题与练习题

2.1 稳压电源主要有哪几种类型?

2.2 简述稳压电源的性能要求。

2.3 试说明电源滤波器的基本结构及在电路中的作用。

2.4 试比较发射极输出和集电极输出式串联线性稳压电源的优缺点,适用范围。

2.5 目前集成线性稳压器有几种类型? 说出你使用过或熟悉的几种型号的集成稳压器的性能及技术指标。

2.6 使用集成线性稳压器应注意哪些问题?

2.7 桥式整流电容滤波电路如题图 2.7 所示,已知输出电压 $U_o = -30$ V,$R_L = 200$ Ω,电源频率 $f = 50$ Hz。试问:

(1)电容 C 的极性如何?

(2)变压器次级电压 u_2 的有效值为多少? 若电网电压的波动范围为 ±10%,求电容耐压值。

(3)电容 C 开路或短路时,电路会产生什么后果?

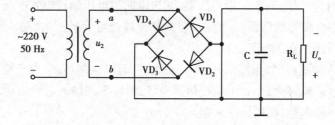

题图 2.7

2.8 在下面几种情况中,可选用什么型号的三端集成稳压器?

(1)$U_o = +12$ V,R_L 最小值为 15 Ω;

(2)$U_o = +6$ V,最大负载电流 $I_{Lmax} = 300$ mA;

(3)$U_o = -15$ V,输出电流范围 I_o 为 10~80 mA。

开关稳压电源

本章要点

开关稳压电源电路组成及工作原理

电源控制电路及驱动电路的作用和工作过程

开关功率管的正确选用

3.1 串联开关稳压电源

3.1.1 开关稳压电源的组成原理

随着功率开关晶体管的出现,人们很自然地想到了将串联线性调整状态改为开关工作状态,通过周期性接通、关断开关,控制调整管的占空比来调整输出电压。开关式稳压电源的组成框图如图3.1所示。它是由一次整流滤波、DC/DC变换电路、占空比控制电路、取样电路、保护电路等组成。下面介绍各部分的作用。

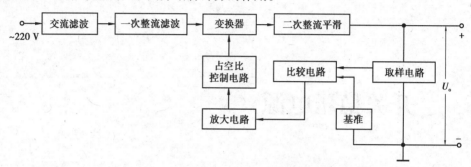

图 3.1　开关稳压电源组成原理框图

一次整流滤波电路:开关电源的工作方式与线性电源比较,它省去了降压工频变压器,而是直接将电网的交流电压(~220 V)整流滤波,变为直流电压(300 V),直接供给 DC/DC变换器。消除了工频变压器带来的损耗。

DC/DC变换器:它是由主功率变换器和二次整流滤波电路组成。主功率变换电路的主要任务是将输入的直流变换成高频交流矩形波(一般可将频率可变到几十千赫兹到几百千赫兹)。二次整流滤波的目的是为了得到平滑的直流输出电压。

控制电路:它是由比较电路、占空比控制电路和放大电路组成。开关电源的控制方式不是采用反馈信号直接去控制调整元件的导通程度,而是利用反馈信号去控制调整管的通断时间,也就是"时间控制法"。时间控制法有 3 种,即脉冲宽度控制(调宽 PWM)、脉冲频率控制(调频 PFM)和混合式控制(调频-调宽 PFM-PWM)。所谓脉宽控制,是指在变换器开关周期恒定的条件下,通过改变导通脉冲宽度来改变占空比的方法;脉冲频率控制是指在变换器导通脉冲宽度恒定的条件下,通过改变开关工作频率来改变占空比的方法。

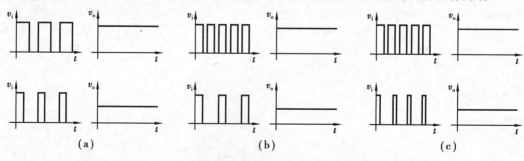

图3.2　改变占空比的方法
(a)调宽;(b)调频;(c)调频调宽

取样电路:它是将输出电压变化的情况通过采样取出,并通过反馈网络送回到控制电路。

保护电路:它是使电源在异常情况下(如电源输入电压太高,输出负载短路等)处于安全工作状态。

3.1.2　串联开关稳压电源的工作原理

串联式开关稳压电源又称降压式开关稳压电源。由于它电路较为简单,性能较好,设计、调试、维修均方便,故应用比较广泛。

串联开关稳压电源是由开关晶体管 V,滤波器 LC,续流二极管 VD 及控制电路组成,假设 V 是理想的开关,导通时,正向压降为零,那么,输出电压就在输入电压和零之间周期性地变化,即经过开关后的电压其纹波分量峰-峰值为 U_i,经过 LC 滤波器,使输出纹波减小到所需值。负载两端的电压变化再通过控制回路反馈到开关晶体管,调节占空比,改变其脉冲输出电压的平均值,从而保持输出电压不变。

串联开关稳压电源可分为串联开关变换器和控制回路两部分,变换器由开关调整元件、滤波器、续流二极管组成,控制回路包括取样,比较放大,控制调整等环节。

1)串联开关变换器的工作原理

如图 3.3 所示,是串联晶体管开关变换器。其中 V 为晶体管开关调整元件,滤波电感为 L,电容为 C,VD 为续流二极管。

在工作过程中,当控制脉冲使 V 导通后,C 开始充电,同时输出电压 U_o 加在负载 R_L 的两端,在 C 充电过程中,电感 L 内的电流逐渐增加,储存的磁场能量也逐渐增加。此时,续流二极管 VD 因反向偏置而截止。经过 t_{on} 时间以后,控制信号使 V 截止,L 中的电流减小,L 两端产生的感应电势使 VD 导通,L 中储存的磁场能量便通过续流二极管 VD 传递给负载。当负载电压低于电容 C 两端的电压时,C 便向负载放电。经过时间 t_{off} 后,控制脉冲又使 V 导通,上述过程重复发生。

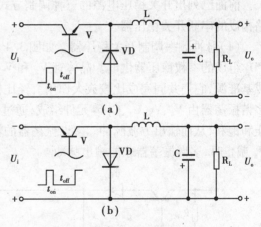

图 3.3　串联晶体管开关变换器
(a)发射极输出型;(b)集电极输出型

根据晶体管的开关特点性,在开关管的基极加入开关信号,就能控制它的导通和截止。对于 NPN 晶体管,当基极加入正向信号时,将产生基极电流 I_b,基极正向电压升高,I_b 也随之升高,当升到一定数值后,集电极电流 I_c 达到最大值,其后继续增加 I_b,I_c 基本上保持不变。这种现象称为饱和。在饱和状态下,晶体管的集-射极饱和压降很小,可以忽略不计。因此晶体管的饱和状态相当于开关的接通状态。当基极加入反向偏压时,晶体管截止,集电极电流 I_{co} 接近于零,集电极负载两端的电压也接近于零,而晶体管的集-射极电压接近于电源电压。晶体管的这种状态相当于开关的断开状态,通常称为截止状态。设 V 具有理想的开关特性,其正向饱和管压降已忽略,

那么输出电压为

$$U_o = U_i \frac{t_{on}}{t_{on} + t_{off}} = U_i \frac{t_{on}}{T} = \delta U_i \tag{3.1}$$

式中 t_{on}——开关导通时间；

   t_{off}——开关截止时间；

   T——开关工作周期；

   δ——占空比，$\delta = t_{on}/T$。

由式(3.1)可知，输出电压 U_o 与开关的占空比 $\delta = t_{on}/T$ 成正比，所以通过改变开关管的占空比可以控制输出平均电压的大小。由于占空比 $\delta = t_{on}/T$ 总是小于1，所以 U_o 总是小于 U_i，故常为下降型(降压型)串联开关稳压器。

如前所述的改变占空比的方法有如下几种：

①保持开关周期不变，调整导通时间 t_{on}，常称为脉宽调制型或调宽型。

②保持开关导通时间 t_{on} 不变，改变开关周期，即改变开关频率，常称为频率调制型或调频型。

③脉宽和频率同时都改变，则称为混合型。

如果输入电压 U_i 变化或负载阻抗发生变化时，输出电压 U_o 变化，通过控制回路调整开关管的占空比，就能使稳压器的输出电压 U_o 保持稳定。

2)控制电路的工作原理

前面已列出开关稳压电源的三种调制方式，这里介绍几   路构成的串联开关稳压器。

(1)脉冲频率调制开关稳压器。如图3.4所示的电路中，由   VD₃ 组成的参数稳压器供电。晶体管 V₂ 和 V₃ 组成差动放大器   和稳压管 VD₂ 组成基准源，它们共同完成比较放大作用。经比较放大后的电压控制自激多谐振荡器。自激多谐振荡器由 V₄、V₅、C₂、C₃ 等元件组成，通过 C₂ 和 C₃ 交替充放电，使 V₄ 和 V₅ 交替地截止和饱和，从而输出方波脉冲。多谐振荡器的输出脉冲，从 V₅ 的集电极引出，因此，只有在 V₅ 截止时，多谐振荡器才能输出脉冲。

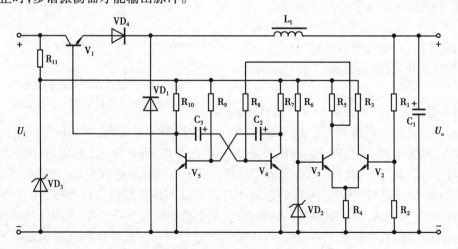

图 3.4　脉冲频率调制开关稳压器

从以上分析可知,V_5 处于截止状态的时间(输出脉冲的宽度)是由 C_2 和 R_9 的数值决定的。因此,多谐振荡器输出的脉冲宽度是固定的。多谐振荡器内另一只晶体管 V_4 的基极电压由差动放大器的输出电压控制,而差动放大器的输出电压又取决于稳压器的输出电压。因此,当稳压器的输出电压变化时,V_4 的集电极电压将发生变化。也就是说,多谐振荡器输出脉冲的频率将随稳压器的输出电压而变化。当稳压器的输出降低时,多谐振荡器的输出脉冲的频率提高,从而使输出电压上升到原来的数值。当稳压器的输出电压升高时,多谐振荡器输出脉冲频率降低,从而使输出电压降低到原来的数值。

在电路设计中,滤波元件 L_1 和 C_1 的数值是由最低工作频率决定的。因此,所需滤波元件的数值较大。这是该电路的一个缺点。

(2)脉冲宽度调制开关稳压器。如果开关频率固定不变并且数值较高,那么滤波元件的体积和质量就可大大减小。开关频率的选择取决于开关管截止频率。开关频率过高,晶体管的瞬态耗散功率增加,从而导致结温升高,晶体管的最大允许功率降低。下面介绍集电极输出脉宽调制型开关稳压器。

如图 3.5 所示,V_1 和 V_2 组成复合调整管。稳压器的输出电压 U_o 经电阻 R_1 和 R_2 分压,R_2 两端压降作为取样电压与稳压管 VD_2 的基准电压进行比较,其差值通过 V_4 放大后控制脉宽调制晶体管 V_3 的基极偏压。通过变压器 T_1 加到 V_3 发射极的控制信号是正弦波,因此改变 V_3 的基极偏压就能控制 V_3 集电极输出脉冲的宽度。但是由于输出脉冲的频率取决于正弦波控制信号的频率,因此改变 V_3 的基极偏压并不能改变集电极输出脉冲的频率。

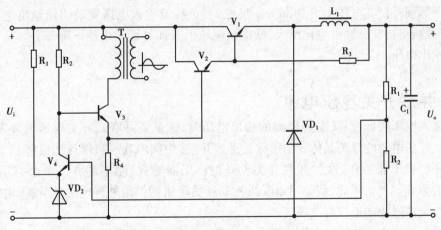

图 3.5 脉冲宽度调制开关稳压器

为了使脉冲调制晶体管 V_3 能够达到饱和状态,正弦波控制信号必须具有足够大的振幅。从图 3.5 可以看出,V_3 的输出脉冲直接加到复合调整管 V_2 的基极。这样当稳压器的输出电压变化时,比较放大器的输出电压发生变化,V_3 的基极电压也发生变化。由于通过变压器 T_1 加到 V_3 发射极正弦波控制信号保持不变,所以 V_3 输出脉冲的宽度发生变化,这样就能够达到调整稳压器的输出电压的目的。

(3)脉冲宽度、频率混合可调的开关稳压器。图 3.6 为脉冲宽度、频率混合调制的开关稳压电源的原理图。图中 V_1、VD_1、L_1 和 C_1 为基本元件,V_8、V_9 和 VD_{Z2} 等组成电压比较放大器,V_4、V_5、V_6、V_7 和其他元件组成导通时间和截止时间都可变的(因而频率也是变化的)多谐振荡器,V_2,V_3 和 VD_2 组成直流放大器。

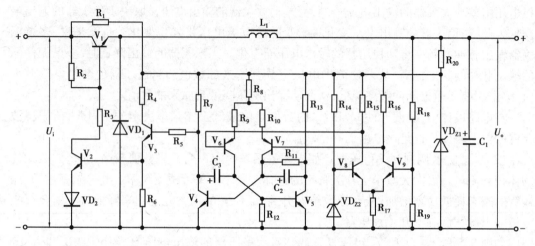

图 3.6　脉冲宽度、频率混合调制的开关稳压电源

本电路是靠同时改变 t_{on} 和 t_{off} 来调节电压的。当负载或输入电压变化而使输出电压上升时,则 V_8 和 V_9 的集电极电流就不平衡,两个集电极之间就有电位差,此电位差使多谐振荡器的接点 A-B 间的等效阻抗 R_{AB} 增大,A-C 间的等效阻抗 R_{AC} 减小。因此,V_4 的导通时间加长,截止时间缩短,结果 V_1 的导通时间缩短,截止时间加长,其脉冲占空比减小,于是输出电压下降而补偿其电压上升的部分。反之,当负载或输入电压变动而使输出电压下降时,同样分析可得其脉冲占空比增大,使输出电压上升而补偿其电压下降部分。从而获得稳定的输出电压。

3.2　并联开关稳压电源

当输入电压较低,而又需要较高的输出电压时,这就要并联式开关稳压电源来完成。这种开关稳压电源的开关晶体管与负载几乎是并联(中间串联一只续流二极管)。与串联开关下降型稳压器一样,这种并联开关上升型稳压器输入、输出端有一个公共端(如负端),没有直流隔离。因此,假如用串联或并联开关稳压器供给外部电源,则输入电源的负端必须与交流进线端进行直流隔离。

串联开关稳压器的输出电压通常总是低于输入电压,而并联开关稳压器输出电压却总是高于输入电源。除此之外,并联开关稳压器比起串联开关稳压器具有较小的射频干扰和较低的杂音,只要采用较小的射频滤波器,这是并联型稳压器的主要优点。这种并联开关稳压器得到了较广泛的应用。

3.2.1　并联开关变换器

并联开关变换器的基本电路及主要波形如图 3.7 所示。它由开关晶体 V、二极管 VD、储能电感 L 和输出滤波电容 C 所组成。由于电感 L 上的感应电压通常高于输入电压,加上二极管 VD 的隔离作用,使得并联开关变换器的输出电压高于输入电压。

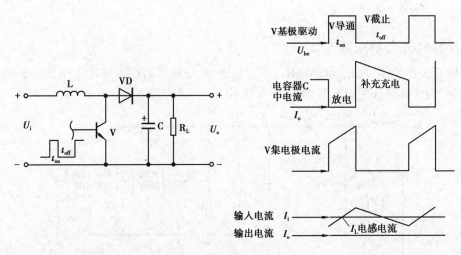

图 3.7 并联开关变换器及其波形

输入直流电压加在串联连接的电感 L 与晶体管 V 上。开关晶体管以几十千赫的频率工作,在 t_{on} 期间导通,在 t_{off} 期间截止,工作周期 $T = t_{on} + t_{off}$,二极管 VD、滤波电容 C 和负载 R_L 并联跨接在开关晶体管 V 的两端。

电路的基本工作原理是:当 V 导通时,能量从输入电源流入,并储存于电感 L 中,由于 V 导通期间正向饱和管压降很小,故这时二极管 VD 反偏,负载由滤波电容 C 供给能量,将 C 中储存的能量释放给负载。当 V 截止时,电感 L 中电流不能突变,它所产生的感应电势阻止电流减小,感应电势的极性为右正左负,二极管 VD 导通,电感中储存的能量经二极管 VD 流入电容 C,并供给负载。

在 V 导通的 t_{on} 期间,能量储存在电感 L 中,在 V 截止的 t_{off} 期间,电感 L 释放能量,补充在 t_{on} 期间电容 C 上损失的能量。V 截止时电感 L 上电压跳变的幅值是与占空比有关的,t_{on} 愈长,L 中峰值电流大,储存的磁能愈大。所以,如果在 t_{on} 期间储存的能量要在 t_{off} 期间释放出来,那么,L 上的电压脉冲必定是比较高的。假定开关管没有损耗,并联变换器电路在输入电压 U_i、输入电流 I_i 下,能在较低的输出电流 I_o 下,输出较高的电压 U_o。

稳压电源达到稳态后,输出电压稳在所需的恒定值 U_o,只要适当选择电容 C,输出纹波可做得足够小,当要求纹波为 ΔU_o,直流输出电流为 I_o 时,由于在管子导通期间全部负载都由 C 供电,因此选择 C 取决于下式:

$$C = \frac{I_o t_{on}}{\Delta U_o} \tag{3.2}$$

当 V 导通时,忽略管子的导通压降,电感 L 上的电压为输入电压 U_i,并且电流线性上升,当 V 截止时,则 L 中的电流线性下降,而在稳态,t_{on} 期间 L 中电流的增量应等于 t_{off} 期间电流的减量,则输出电压与输入电压的关系由下式决定。

$$U_o = U_i \frac{t_{on} + t_{off}}{t_{off}} = U_i \frac{T}{t_{off}} = U_i \frac{T}{T - t_{on}} = U_i \frac{1}{1 - \delta} \tag{3.3}$$

其中,$\delta = \dfrac{t_{on}}{T}$。

由式(3.3)可知,当改变占空比 δ 时,就能获得所需的上升的电压值。由于占空比 δ 总是小于 1,所以 U_o 总是大于 U_i。

3.2.2　并联开关稳压器

并联开关变换器再加上取样电阻、基准电源、差分放大器以及脉冲占空比可调的控制电路,即可构成并联开关稳压器,如图 3.8 所示。

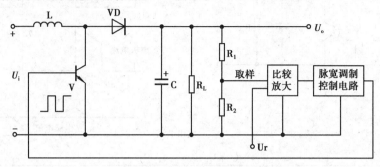

图 3.8　并联开关稳压器的组成

当输入电压变化时,自动调整占空比 δ,可以保持输出电压稳定。例如,当 U_i 增大时,使 $\delta = t_{on}/T$ 减小,输出电压就能保持稳定。其物理意义可以这样理解,假如 T 不变,由于电感中的电流以 dI/dt 的速率线性上升,在 U_i 增大时,如 t_{on} 保持不变,则 L 中储存的能量增大,而在同样的 t_{off} 时间内释放能量是固定的,这就使得输出电压上升,所以必须减小导通时间 t_{on},以便减小 L 中增加的能量,这样才能保持输出电压不变。

改变占空比的方法,可以是频率或周期不变,改变导通脉宽 t_{on},也可以保持导通时间 t_{on} 不变,改变工作频率或周期,二者都能进行调整,保持输出电压不变。通常,宁愿固定频率。在许多系统中,常常固定时钟频率,这样由高功率开关引起的杂音与时钟频率相同步,减小了对系统的干扰。但是现在也还常用固定导通时间 t_{on},改变频率和周期的方法。一般都利用价格便宜的集成电路、控制电路组成的压控振荡器。

3.3　直流变换器式开关稳压电源

直流变换器式开关稳压电源主要包括直流变换器和稳压电路两部分,该稳压电源的核心是直流变换器,因此,本节只介绍直流变换器,稳压电路可根据需要而配置,如我们知道的晶体管线性稳压器、晶体管开关稳压器等。

直流变换器是将一种直流电压转换为另一种直流电压的变换设备,它是开关电源的一个重要类别。进行直流变换通常可分为几步:

(1)逆变器-将直流电压转换为较高频率的交流电压。

(2)高频变压器-将高频交流电压转换为所需的交流电压。

(3)整流器-将交流电压转换为直流电压。其中第二步有时亦可不要,如在前面所介绍的串联开关变换器、并联开关变换器,就不用高频变压器,这时输入直流电源和输出直流电源总有一个公共点,对于要求输入与输出端公共点隔离的情况,就必须加入高频开关变压器,对于输出高压时尤为必要。直流变换器的方框图如图 3.9 所示。图中虚线是交流电压直接输出的一种型式,即逆变器的型式。

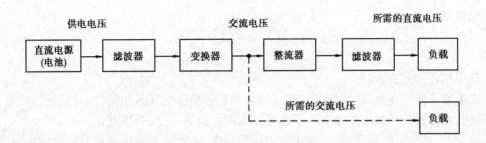

图 3.9　直流变换器的方框图

本节再介绍几种基本的变换电路,这几种功率变换器可以工作在他激状态作功率方波放大器,也可以工作在自激状态作方波振荡器,产生的方波经变压器次级侧整流,将方波变换为所需的直流。它的基本电路是由 1 个晶体管组成的单端电路,由 2 个晶体管组成的推挽电路,4 个晶体管组成的桥式电路,以及 2 个晶体管、2 个电容组成的半桥式电路。

晶体管直流电压变换器的基本工作原理,是利用晶体管作为开关控制直流电源的通断,经过变压器输出,把直流变换成交流。如果所需的输出是直流电压,那么,把变压器输出的交流电压再经过整流,就可得到所需的直流输出电压。在负载对直流电源精度要求不高且负载变化不大的场合,直流变换器的输出电压可以直接向负载供电,而不必再另加稳压电路。反之,当负载对直流电源供电要求较高时,通常则需要在直流变换器的前面或后面再加上其他稳压电路,如晶体管线性稳压电路、串联式开关稳压电路等,以获得稳定的输出电压。

3.3.1　单端变换器

单端晶体管直流变换器具有线路简单的特点,它只用一只晶体管、一个变压器以及电容、二极管构成。功率可以达到 150 W。根据变压器次级侧整流二极管的接法不同,单端变换器可分为反激式和正激式两种。反激式和正激式变换器两者的差别只是整流二极管的接法不同,但是其工作原理差别很大。

1) 单端反激式变换器

在单端反激式变换器中,整流二极管的接法使得晶体管导通时,二极管截止,这时电源输入的能量以磁能的形式储存于变压器中,在晶体管截止期间,二极管导通,变压器中储存的能量传输给负载,这也称为电感储能型变换器,不过这里用变压器,而不用单个电感。单端反激式变换器电路如图 3.10 所示。

当 V 基极被输入脉动驱动而导通时,输入电压 U_i 便加到变压器 T 的初级绕组 N_1 上,由于

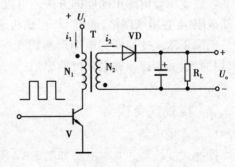

图 3.10　单端反激式变换器电路

变压器 T 对应端的极性,次级绕组 N_2 为下正上负,二极管 VD 截止,次级绕组 N_2 中没有电流流过。当 V 截止时,N_2 绕组电压极性变为上正下负,二极管 VD 导通,此时,V 导通期间储存在变压器中的能量便通过二极管 VD 向负载释放。在工作过程中变压器起了储能用

的电感作用。

$$\frac{U_{\mathrm{o}}}{U_{\mathrm{i}}} = \frac{N_2}{N_1} \frac{T_{\mathrm{on}}}{T_{\mathrm{off}}} \tag{3.4}$$

2)单端正激式变换器

在单端正激式变换器中,整流二极管的接法是在晶体管导通期间,经过变压器耦合,经过导通的二极管向负载传输能量。而在晶体管截止期间,二极管也截止。

图 3.11 是带有回授绕组 N_3 和箝位二极管 VD_3 的单端正激式变换器。单端正激式变换器是从串联开关变换器演变得到的,其导电过程与反激式变换器正好相反,却与串联开关变换器完全相同,不同之处是这里增加了一个变压器。在 V 导通时,由变压器 T 的对应端和二极管 VD_1 的接法决定了此期间 VD_1 导通,输入电网经变压器耦合向负载传输能量,此时,滤波电感 L 储能,在 V 截止期间,二极管 VD_1 截止,电感 L 中产生的感应电势使续流二极管 VD_2 导通,电感 L 中储存的能量通过二极管 VD_2 向负载释放。因此输出电压为

$$U_{\mathrm{o}} = \frac{N_2}{N_1} \cdot \frac{t_{\mathrm{on}}}{T} U_{\mathrm{i}} = \frac{N_2}{N_1} \delta V_{\mathrm{i}} \tag{3.5}$$

即输出电压仅决定于电源电压、变压器的匝比和占空比,而与负载电阻无关。

此外,由于变压器线圈存在电感,当 V 导通时,电感中也储存能量;当 V 截止时,次级侧二极管 VD_1 截止,储存于变压器中的磁场能量必须通过一定的途径释放出来,否则将在线圈的两端产生过电压。比较常用的方法就是如图 3.11 所示的加设回授绕组 N_3 和二极管 VD_3,通常取 $N_3 = N_1$,这样当 N_3 绕组上感应电压超过电源电压时,二极管 VD_3 导通,将磁能送回到电源中。这就将绕组 N_1 上电压的反峰限制在电源电压上,因此,V 集-射极间的电压被限制在两倍电源电压上。

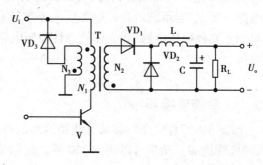

图 3.11　带有箝位电路的单端正激式变换器

释放变压器电感中储能的方法还可以有很多种,如在初级绕组 N_1 两端并联电阻,或者并联电阻-电容串联网络,通过 LC 振荡将磁能转换成电能等。

单端正激式变换器同单端反激式变换器一样,变压器中磁通只工作在 B-H 曲线的一侧,因而,也必须遵循磁通复位的原则。

3.3.2　推挽式变换器

1)基本的电路

推挽式变换器的基本电路如图 3.12 所示。它由共发射极连接的两个晶体管和一个变压器组成。在基极方波的交替作用下,推挽功率放大器的两个晶体管经变压器 T 初级的中心端交替导通交替地加到基极的电压或电流方波在每个晶体管的集电极上产生了相应的方波电压、电流,在开启的半周期间功率损耗是较低的。在截止期间,集电极电压差不多是直流电压的两倍,但是集电极漏电电流很小,故在截止期间,晶体管的损耗是很低的,几乎可以忽略。

2）从单个直流电源中产生多个直流输出电压

变换器首先将直流电源供给的直流电压转换为交变的方波电压，然后，变压器可采用一个或多个次级绕组，经整流、滤波，得到所需要的或正或负的各种输出直流电压。各组输出电压可以有一个公共点（输出地），可以对地而言为正或为负。不同的输出电

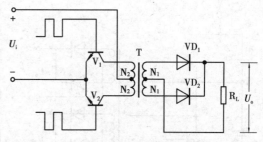

图 3.12 推挽式变换器

压可以串联叠加，也可以叠加在另外的输出端上。这样，从一个直流主电源，可以产生复杂系统所需的各种直流电压。例如供逻辑电路的 +5 V 电源，运算放大器常用的 ±15 V，也可产生供阴极射线管用的高压，如加速极为 10 000～25 000 V，聚焦电源为 400～4 000 V。

3.3.3 桥式变换器

在推挽式变换器中，要求晶体管的电压额定值必须至少是两倍的直流输入电压，考虑最坏情况下的安全设计，晶体管额定电压应为输入电压的 3.3 倍。直流输出电压为低压 15～30 V 时，若输入电压为小于 100 V 的直流电压，选择合适开关速度、电流、电压的晶体管是没有问题的，若直流变换器是从交流电网供电，这时从电网直接整流，输出的峰值电压为 1.4×220 V ＝ 308 V，这时晶体管上的电压为 2×308 V ＝ 616 V，考虑最坏情况下的安全设计，晶体管电压应为 3.3×220 V×1.4 ＝ 1 016 V，所以对晶体管的开关速度、电流以及耐压都有较高的要求。因此从交流电网直接供电的情况，是很少采用推挽电路的。

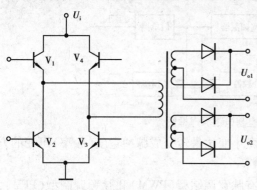

图 3.13 桥式变换器电路

图 3.13 的桥式变换器电路是用两个推挽电路组成的，它们工作在交错的半周，对角线相对的管子 V_1 和 V_3 或 V_2 和 V_4 同时导通。

由于大多数晶体管能承受 U_i 电压，而不能承受 $2U_i$ 电压，所以，采用桥式变换器的成本较高，是用 4 个晶体管而不是 2 个晶体管，但提高可靠性可以弥补这些缺点。由于最大的额定电压愈低，可靠性愈高，这样，在 2 种电路型式中，工作在同样电源下，2 个晶体管推挽变换器所需的晶体管电压为 4 个晶体管桥式电路所需电压的 2 倍。

3.3.4 半桥式变换器

要将变换器晶体管上所加的电压从 $2U_i$ 减小到 U_i，也可以用图 3.14 的半桥式变换器实现。半桥用 2 个电容器代替 2 个晶体管，减少了晶体管的数量，但是，通常 2 个电容比 2 个晶体管占用较大的体积。

在晶体管昂贵的情况下，常常采用半桥，特别在低功率变换器中，电容器的中点大约充电到 $U_i/2$ 的平均电位，初级电压峰值为 $U_i/2$，而全桥时为 U_i，这样对于同样的次级输出功

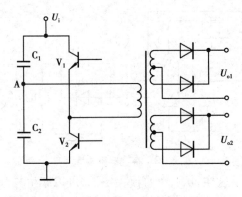

图 3.14　半桥式变换器电路

率,半桥变换器初级电流为全桥的 2 倍。

$$\frac{U_o}{U_i} = \frac{N_2}{N_1} \cdot \frac{T_{on}}{T} \qquad (3.6)$$

桥式电容器的值可从已知初级电流和工作频率计算,这里若总的输出功率为 P_o(包括变压器损耗),初级电流为 $I = P_o/(U_i/2)$,工作频率 f,半周为 $1/2f$,变压器初级由 C_1、C_2 并馈。当 V_1 开启,通过初级电流流入 A 点,当 V_2 导通时,从 A 点取出电流,在半周中由两个电容器补充电荷损失。实际电路中,可以将滤波电容与桥路分压电容分别设置,滤波电容常取上百微法的电解电容直接接在 U_i 两端,桥路分压电容 C_1、C_2 常取几微法的交流电容器,作为高频率通路及分压电容。

3.4　开关稳压电源的控制电路

在开关稳压电源中,除了自激型的变换器外,都需要有相应的控制电路和驱动电路产生较为理想的驱动脉冲来保证变换器安全可靠地工作。随着集成电路技术的迅速发展,相继研制了单片开关稳压电源集成控制电路,这里,介绍几种控制电路和驱动电路。

控制电路主要由有基准电压的误差检测放大、脉宽(或脉频)调制器、振荡、分频器及门电路等所组成。图 3.15 所示为开关电源控制电路原理框图。

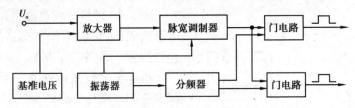

图 3.15　开关电源控制电路原理框图

控制电路的主要功能是将输出电压 U_o 的微小变化量转变成脉冲宽度(频率)可变的方波,从而实现调整输出电压的目的。

随着开关电源的发展,集成化的控制电路有脉宽调制型(PWM)和脉频调制型(PFM),但绝大多数是脉宽调制型。

现将 PWM 的主要集成电路的工作过程简介如下。

3.4.1　脉宽调制型控制电路

TL494 是开关电源电路中实现控制、输出宽度可调的信号脉冲的集成电路块,它适用于各种调宽型开关电源。它的方框图如图 3.16 所示。它采用双列直插式 16 引脚:

1)芯片管脚定义

TL494 是 16 脚芯片。

1 脚/同相输入:误差放大器 1 同相输入端。

2 脚/反相输入:误差放大器 1 反相输入端。

3 脚/补偿/PWM 比较输入:接 RC 网络,以提高稳定性。

4 脚/死区时间控制:输入 0～4 V 直流电压,控制占空比在 0%～45% 变化。同时该因脚也可以作为软启动端,使脉宽在启动时逐步上升到预定值。

5 脚/C_T:振荡器外接定时电阻。

6 脚/R_T:振荡器外接定时电容。振荡频率:

$f=1/R_TC_T$。

7 脚/GND:电源地。

8 脚/C1:输出 1 集电极。

9 脚/E1:输出 1 发射极。

10 脚/E2:输出 2 发射极。

11 脚/C2:输出 2 集电极。

12 脚/U_{cc}:芯片电源正。7～40 V。

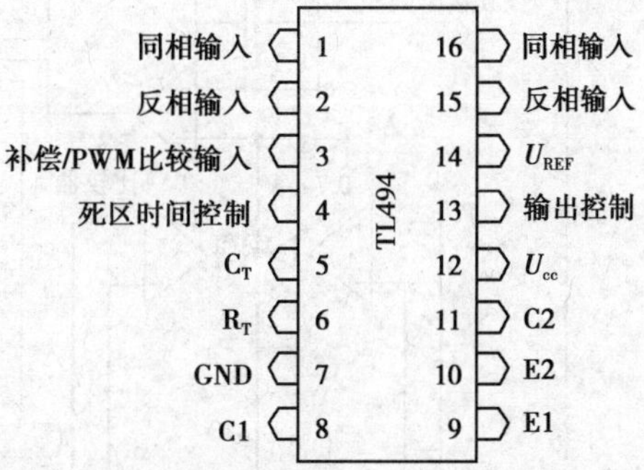

13 脚/输出控制:输出方式控制,该脚接地

图 3.16　TL494 管脚排列

时,两个输出同步,用于驱动单端电路。接高电平时,两个输出管交替导通,可以用于驱动桥式、推挽式电路的两个开关管。

14 脚/U_{REF}:5 V 电压基准输出。

15 脚/反相输入:误差放大器 2 反相输入端。

16 脚/同相输入:误差放大器 2 同相输入端。

2)基本特性

(1)具有两个完整的脉宽调制控制电路,是 PWM 芯片。

(2)两个误差放大器。一个用于反馈控制,一个可以定义为过流保护等保护控制。

(3)带 5 V 基准电源。

(4)死区时间可以调节。

(5)输出级电流 500 mA。

(6)输出控制可以用于推挽、半桥或单端控制。

(7)具备欠压封锁功能。

3)结构原理

图 3.17 给出了 TL494 的内部原理框图。

芯片内部电路包括振荡器、两个误差比较器、5 V 基准电源、死区时间比较器、欠压封锁电路、PWM 比较器、输出电路等。

(1)振荡器。提供开关电源必须的振荡控制信号,频率由外部 R_T、C_T 决定。这两个元件接在对应端与地之间。取值范围:R_T 为 5～100 kΩ,C_T 为 0.001～0.1 μF。

振荡频率:$f=1/R_TC_T$。

形成的信号为锯齿波。最大频率可以达到 500 kHz。

(2)死区时间比较器。所谓死区,就是两个三级管轮流导通的时间间隔,用来防止开关管退饱和和延迟造成的同时导通现象。这一部分用于通过 0～4 V 电压来调整占空比。当4 脚预加电压抬高时,与振荡锯齿波比较的结果,将使得 D 触发器 CK 端保持高电平的时间加宽。该电平同时经过反相,使输出晶体管基极为低电平,锁死输出。4 脚电位越高,死区

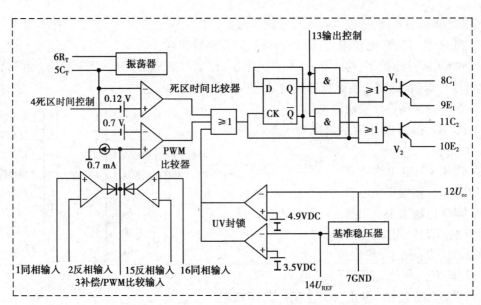

图 3.17　TL494 内部原理框图

时间越宽,占空比越小。

由于预加了 0.12 V 电压,所以,限制了死区时间最小不能小于 4%,即单管工作时最大占空比 96%,推挽输出时最大占空比为 48%。

图 3.18 给出了死区时间比较器单独作用时的工作相关波形。

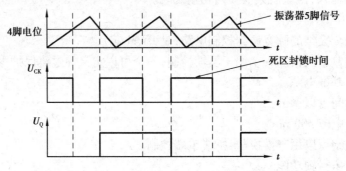

图 3.18　死区时间比较器单独起作用时的波形

(3)PWM 比较器及其调节过程。由两个误差放大器输出及 3 脚(PWM 比较输入)控制。

当 3 端电压加到 3.5 V 时,基本可以使占空比达到 0,作用和 4 脚类似。但此脚真正的作用是外接 RC 网络,用做误差放大器的相位补偿。

常规情况下,在误差放大器输出抬高时,增加死区时间会缩小占空比;反之,占空比增加。作用过程和 4 脚的死区控制相同,从而实现反馈的 PWM 调节。0.7 V 的电压垫高了锯齿波,使得 PWM 调节后的死区时间相对变窄。

如果把 3 脚比做 4 脚,则 PWM 比较器的作用波形和图 3.18 类似。然而,该比较器的占空比调节,要在死区时间比较器的限制范围内起作用。

单管工作方式时,U_{CK} 直接控制输出,输出开关频率与振荡器相同。当 13 脚电位为高时,封锁被取消,触发器的 Q、Q非 端分别控制两个输出管轮流导通,频率是单管方式的一半。

(4)5 V 基准电源。这个 5 V 基准电源用于提供芯片需要的偏置电流。如 13 脚接高电平时,及误差放大器等可以使用它。该基准电源的精度为 ±5%,温漂小于 50 mA,电流能力 10 mA,温度范围 0 ~ 70°。

(5)误差放大器。两个误差放大器用于电源电压反馈和过流保护。

这两个放大器以逻辑或的关系,同时接到 PWM 比较器同相输入端。反馈信号比较后的输出,送 PWM 比较器,和锯齿波比较,进行 PWM 调节。

由于放大器是开环的,增益达到 95 dB。加之输出点 3 被引出,使用时,设计者可以根据需要灵活使用。

(6)UC 封锁电路。用于欠压封锁,当 U_{cc} 低于 4.9 V,或者内部电源低于 3.5 V 时,CK 端被钳位为高电平,从而使输出封锁,达到保护作用。

(7)输出电路。输出电路有两个输出晶体管,单管电流 500 mA。其工作状态由 13 脚(输出控制)来决定。

当 13 脚接低电平时,通过与门封锁了 D 触发器翻转信号输出,此时两个晶体管状态由 PWM 比较器及死区时间比较器直接控制,二者完全同步,用于控制单管开关电源。当然,此时两个输出也允许并联使用,以获得较大的驱动电流。

当 13 脚接高电平时,D 触发器起作用,两个晶体管轮流导通,用于驱动推挽或桥式变换器。

图 3.19 为 TL494 的典型应用。图中,R_{10} 与 C_5 决定开关电源的开关频率,R_{10}、C_5 值越小,开关频率越高。电阻 R_8 作为限流保护电阻用。其误差放大器 EA_1 的同相输入端(1脚)通过 5.1 kΩ 电阻(R_9)与 TL494 内部 V_1、V_2 管的导通时间变短,输出电压 U_o 下降到与 U_{REF} 基本相等,从而维持输出电压稳定,反之亦然。

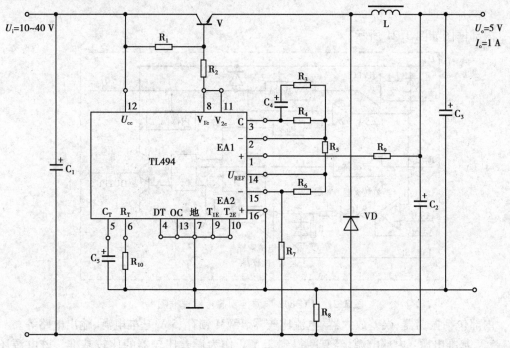

图 3.19 TL494 控制电路的典型应用

3.4.2 UC3842 脉宽调制型控制电路

1）管脚排列

COMP：误差放大器输出。

UFB：反馈电压输入端。它与内部 2.5 V 直流基准电源比较，产生误差电压来控制调节脉冲宽度。

ISENSE：接电感电流传感器。当采样电压大于 1 V 时，缩小脉冲宽度，使电源处于断续工作状态。

R_T/C_T：定时阻容端。频率 $f = 1.8/(C_T R_T)$。

GND：地。

OUTPUT：输出端。

U_{cc}：电源。10 ~ 13 V，关闭电压 10 V。

REF：内部基准电源输出，5 V +/ -0.1 V，50 mA。

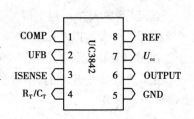

图 3.20　UC3842 管脚图

2）主要特性

用于 20 ~ 50 W 的小功率开关电源，管脚少，电路简单。

（1）单输出级，可以驱动 MOS、晶体管。

（2）PWM 芯片。

（3）工作频率 500 kHz。

（4）低启动和工作电流，启动电流小于 1 mA，工作电流 15 mA。

（5）最大电流图腾柱输出，1 A。

（6）带欠压封锁保护。

3）芯片原理

内部框图如图 3.21 所示。

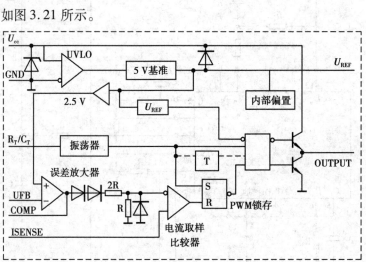

图 3.21　UC3842 电源控制芯片原理框图

内部包括振荡器、误差放大器、电流比较器、PWM 锁存、5 V 基准电源、输出电路等。

5 V 基准电源：内部电源，经衰减得到 2.5 V 作为误差比较器的比较基准。该电源还可以提供外部 5 V/50 mA。

振荡器:产生方波振荡。R_T 接在 4、8(REF)脚之间,C_T 接 4、5(GND)之间。频率 $f=1.8/(C_T R_T)$。最大 500 kHz。

误差放大器:由 UFB 端输入的反馈电压和 2.5 V 做比较,误差电压 COMP 用于调节脉冲宽度。COMP 端引出接外部 RC 网络,以改变增益和频率特性。

输出电路:图腾柱输出结构,电路 1 A,驱动 MOS 管及双极型晶体管。

电流取样比较器:3 脚 ISENSE 用于检测开关管电流,可以用电阻或电流互感器采样,当 $U_{ISENSE}>1$ V 时,关闭输出脉冲,使开关管关断。这实际上是一个过流保护电路。

欠压锁定电路 UVLO:开通阈值 16 V,关闭阈值 10 V,具有滞回特性。

PWM 锁存电路:保证每一个控制脉冲作用不超过一个脉冲周期,即所谓逐脉冲控制。

另外,U_{cc} 与 GND 之间的稳压管用于保护,防止器件损坏。

4)应用电路

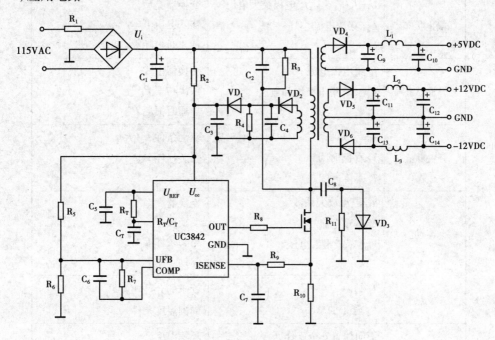

图 3.22　UC3842 控制的反激式开关电源

图 3.22 是一个反激式开关电源原理图,控制芯片即 UC3842。

这个电源的输出电压等级有 3 种:5 V、+ 12 V、- 12 V。

该电路变换器同样是一个降压型硬开关电路。由单管驱动隔离变压器主绕组,C_2、R_3 可以提供变压器原边泄放通路。输出经整流、滤波送负载。

U_{cc} 电源由 R_2 从原边电压 U_i 提供。U_{cc} 同时也作为辅助反馈绕组的反馈电压。

电路振荡器频率由 R_T,C_T 决定。按规定,C_T 接 R_T/C_T 与地之间,R_T 接 R_T/C_T 与 U_{REF} 之间。频率 $f=1.8/(C_T R_T)$。

反馈比较电路信号是从辅助绕组经过 VD_1、VD_2、C_3、C_4 等整流滤波后得到的 U_{cc} 分压提取的。C_6、R_7 构成信号的有源滤波。

开关管电流被 R_{10} 取样后,经 R_9、C_7 滤波,送 ISENSE 端,当超过阈值 1 V 时,确认过载,关断电源输出。

芯片输出部分由 U_{out} 驱动单 MOSFET 管，C_8、VD_3 对开关管有电压钳位作用。

可以看出，这个电路是个极为典型的普通开关电路。UC3842 和 M51995 属于同一类控制芯片。

3.5 开关功率管的选择与使用

用于开关电源的三极管，一般要求它的开关时间短，安全工作区宽，二次击穿耐压大等。选择开关三极管时，必须按照管子的特性和电源电路的工作条件两个方面来考虑。表3.1 列出了三极管特性和电路工作条件相对应的关系。

表 3.1 功率管的特性和相对应的电路工作条件

项 目	符 号	电路工作条件
截止状态	U_{CEO}，$U_{CEO(SUS)}$ 集电极最大电压 I_{CEO} 穿透电流	变换器类型 输入电压 U_i 截止时损耗 P_{off}
导通状态	I_C 集电极电流 $U_{CE(SAT)}$ 集电极饱和电压	变换器型式 输出功率 P_o 导通时损耗 P_{on}
开关状态	T_{on} 导通时间 T_s 存储时间 T_f 下降时间	驱动条件 I_{B1}/I_{B2} 开关损耗 P_{SW}
驱动	h_{FE} 电流放大系数 I_B 基极电流 V_{BEO} 基极最大电压	变换器类型 变换频率 f 驱动条件 I_{B1}/I_{B2} 驱动功率 P_B
发热	T_j 结温 P_T 管子的总功率	管子的允许功耗 P_L 周围温度条件
安全工作区	正向偏置安全工作区 反向偏置安全工作区	环境温度 I_C，I_{B1}/I_{B2} 条件

3.5.1 开关三极管的工作状态

1）开关三极管截止状态

若在三极管的 C-B 极间加一反向电压，则 PN 结耗尽层的电场增加，少数截流子由这个电场加速，带有大的能量，和硅原子相撞，产生出电子-空穴对。如果所加的反向电压过高，由于上述现象的连锁反应，能积累大量的自由载流子，使 PN 结的反向电流急剧增长，发生击穿，因此必须限制加至三极管的最大电压。

发射极接地时允许加至 C-E 极间的最大电压，因 B-E 极间的偏置情况的不同而变。对B-E 极间开路，有电阻连接、短路、反偏等情况，分别以 U_{CER}、U_{CES}、U_{CEX} 来表示，这些电压的

大小为

$$U_{CEX} > U_{CES} > U_{CER} > U_{CEO} \qquad (3.7)$$

其中，U_{CEX} 和 U_{CES}，两者数值较接近。

开关电源中的开关管的负载是高频变压器，因此是电感性负载。三极管在电感负载下以开关方式工作时，集电极电压、电流的开关特性。在管子关断的初始时刻，集电极的电流保持不变，电压上升到大于电源电压的某一个值，随后集电极电流才较快地下降，直到三极管完全截止，此时管子上的电压才下降到电源电压。

由上所述，加到管子上去的电源电压不超过管子的耐压，并不能保证管子的工作是安全的。此时应有另外的耐压标准，称为"维持电压"，（SUS sustaining voltage）。所谓"维持电压"是指开关管带有电感负载以开关方式工作时，集电极电压电流的关断在允许的电流值内不发生异常现象时，管子所能承受的电压。维持电压按照基极偏置条件的不同，可分为基极没有反向偏压的维持电压 $U_{CEO(SUS)}$ 和有反向的维持电压 $U_{CEX(SUS)}$。

功率管耐压的选择，应使所选择的管子允许耐压 U_{CEO}、$U_{CEO(SUS)}$ 加到管子上的电压。工作时管子所受的电压，随变换器类型的不同而异，如表 3.2 所示。考虑到变压器的漏感，在管子关断时将产生尖峰电压，因此，在选择三极管的耐压时，还应按表 3.2 上的电压再加上必要的裕度。

表 3.2　各种类型变换器功率管的耐压和电流

变换器类型	功率管	
	耐　压	电　流
串联开关式	U_i	I_o
反激式	$U_i + U_i \dfrac{T}{T_{off}}$	$\dfrac{P_o}{\eta U_i} \times 2 \dfrac{T}{T_{on}}$
正激式	$U_i + U_i \dfrac{T_{on}}{T}$	$\dfrac{P_o}{\eta U_i} \times 2 \dfrac{T}{T_{on}}$
推挽式	$2U_i$	$\dfrac{P_o}{\eta U_i} \times \dfrac{T}{2T_{on}}$
半桥式	U_i	$\dfrac{P_o}{\eta U_i} \times \dfrac{T}{T_{on}}$
全桥式	U_i	$\dfrac{P_o}{\eta U_i} \times \dfrac{T}{2T_{on}}$

2）导通状态

功率管在导通时间 T_{on} 内的功耗为

$$P_{on} = \frac{U_{CE(sat)} I_C}{T} T_{on} (W) \qquad (3.8)$$

由于饱和压降 $U_{CE(sat)}$ 小，即使管子实际工作电流在管子额定参数的范围内取得大一些，管子的发热也是允许的。但是当管子在导通的初始时刻，管子的压降以及相应的损耗较大，因此，按上式计算的功耗偏小。

功率管的电流参数按下式来取值

$$\frac{1}{2}I_C > 表 3.2 所列的工作电流$$

3）开关状态

功率管的截止-导通、导通-截止的开关状态，是开关电源重要的工作状态之一。

功率管在开通和关断时的功耗 P_r 和 P_f，如果把集电极电流 I_C，电压 U_{CE} 的曲线以近似的折线来代替，如图 3.23 所示，则

$$P_r = \frac{1}{T}\int_0^{t_r} U_{CE}I_C dt = \frac{U_{CE}I_C}{6T}t_r \quad (3.9)$$

$$P_f = \frac{1}{T}\int_0^{t_f} U_{CE}I_C dt = \frac{U_{CE}I_C}{6T}t_f \quad (3.10)$$

开关状态时的功耗

$$P_{SW} = P_r + P_f$$

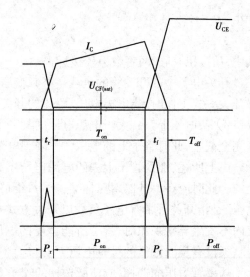

图 3.23　功率管的开关波形和集电极损耗波形

3.5.2　开关功率管的使用

1）驱动

三极管的电流放大系数 h_{FE} 不是一个恒定的常数，它随 I_C 的数值而变。当 I_C 较小时，由于基区表面的复合作用明显，因而 h_{FE} 小；在 I_C 大时，集电结电压可能由反向偏置变为正向偏置，此时基极电流增加很多，h_{FE} 便明显下降。

环境温度对 h_{FE} 也有影响，温度降低时使 h_{FE} 减小。

同一型号的三极管，由于性能的离散性，h_{FE} 值可差 2 倍。

产品目录中的 h_{FE} 值，它的测试条件通常在 $U_{CE} = 5 \sim 10$ V 的放大区，而开关电源中的功率管工作在饱和区，此时 $U_{CE} \leq 1$ V，相应 h_{FE} 则下降 30% ~40%。

在选择功率三极管时，希望选用 h_{FE} 大的三极管，这样驱动电流和驱动功率就可以小些。在计算时，必须考虑 h_{FE} 上述的这些变化。

在设计驱动电路时，加到功率管基极的反向电压不能超过 U_{BEO}，否则将使三极管的特性变差，或者甚至损坏三极管。

功率管的基极驱动功率为：

$$P_B = \frac{U_{BE}I_B}{T}T_{on}(W)$$

2）发热

半导体管特性参数中规定了最高结温 T_j，T_j 和集电极功耗 P_T 的关系为：

$$T_j = P_T R_{t(j-c)} + T_c (℃)$$

式中　$R_{t(j-c)}$——结-管壳的热电阻；

　　　T_c——管壳温度。

若功率管被用于开关电源中，则管子的功耗为：

$$P_T = P_{on} + P_{SW} + P_{off}$$

功率管的热电阻:

$$R_{t(j-c)} = \frac{T_j + T_c}{P_T}(℃/W)$$

设开关电源的环境温度为 T_a，则功率管允许的功耗:

$$P_L = \frac{KT - T_a}{R_{t(j-a)}}(W)$$

式中　K——安全系数;

　　　　$R_{t(j-a)}$——结-室温间的热电阻;

$$R_{t(j-a)} = R_{t(j-c)} + R_{t(c-F)} + R_{t(F-a)}$$

$R_{t(c-F)}$——外壳-散热片间的热电阻;

$R_{t(F-a)}$——散热片热电阻。

还需要注意的是,当功率管结温升高时,二次击穿耐压和耗散功率将降低,管子的寿命迅速降低,器件的故障率随之增加,功率管的许多特性参数发生变化。因此,应尽可能降低结温,使功率管在较低的温度下工作。

3)安全工作区

为了保证功率管工作的安全,管子工作时不仅要限于集电极允许的最大电流 I_{CM}、集电极允许的最大电压 BU_{CEmax} 和集电极允许的最大功耗 P_{CM} 范围内,而且还受二次击穿临界电压曲线的限制。由 I_{CM}、BU_{CEmax}、P_{CM} 二次击穿临界电压曲线所限定的区域,称为安全工作区,如图 3.24 所示。

当加在功率管上电压增大到某一值时,出现一次击穿现象,若再继续增加电压,则功率管的伏安特性很快转移到低压大电流区,或称低阻区,把这种现象称为二次击穿。二次击穿起点的电压,称为二次击穿临界电压,此电压随基极电流 I_B 的不同而不同,连接所有临界电压点的线,称为二次击穿临界电压曲线。

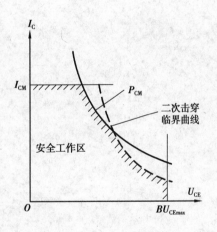

图 3.24　安全工作区的边界线

小　结

开关稳压电源在后级采用控制电路改变调整管的占空比调整输出而稳定电压。开关稳压电源效率高,质量轻,功率密度(W/cm^2)大,已广泛用于各种电子设备。

串联开关稳压电源其输出电压总是低于输入电压,并联开关稳压电源的输出电压却总是高于输入电压。这两种开关电源的输入直流电源和输出的直流电源总有一个公共点,输出与输入端没有隔离。

晶体管直流变换器式开关电源可用高频开关变压器输出与输入进行隔离。

开关电源的控制电路现在大都用集成控制器。其调制方式有脉宽调制、脉频调制。无论是哪种调制方式,都是改变调整管的占空比,来控制调整管的导通和截止时间,达到输出电压的稳定。

　　驱动电路是给功率晶体管提供驱动电流,使功率晶体管可靠工作。驱动电路有脉冲变压器驱动、比例驱动、互补驱动等电路。

　　在选择开关功率晶体管时,应考虑其功率,集电极允许的最大电流、反向耐压及截止频率。另外,还要考虑工作环境,如环境温度、湿度等。

思考题与练习题

3.1　试比较线性稳压电源与开关电源的主要异同点及各自的优缺点。

3.2　简述串联开关变换器的工作原理。

3.3　简述并联开关变换器的工作原理。

3.4　简述推挽桥式变换器的工作原理。

3.5　什么叫死区? 芯片 TL494 是如何控制死区的?

3.6　选择开关功率管时,应考虑哪些极限参数?

影响稳压电源质量因素分析与解决措施

本章要点

影响电源的稳定度因素及提高稳定度的措施

电源杂音来源及抑制杂音的方法

4.1 线性稳压电源的稳定度因素及提高稳定度的措施

稳压电源的稳定度与分析方法是与具体的调节方式有关的。线性稳压电源的调节方式,可分为并联调节和串联调节两种。由于并联调节与串联调节相比,稳定度较低,空载时的效率很低,适用范围有限,因此实用中大多数电源采用串联调节方式。

4.1.1 线性串联调节稳压电源输出电压的函数式

串联调节型稳压电源的基本电路如图 4.1 所示。

可列出回路方程:

$$U_i = U_{ce} + U_o \tag{4.1}$$

$$U_o = I_o R_L \tag{4.2}$$

$$I_o = \frac{U_{be}}{r_{be}}\beta + \frac{U_{ce}}{r_{ce}} \tag{4.3}$$

$$U_{be} = U_b - U_o \tag{4.4}$$

$$U_b = (U_r - nU_o)A_{u2} \tag{4.5}$$

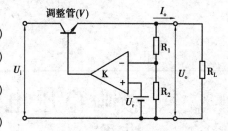

图 4.1 串联型稳压电源的基本电路

联立上式,并对 U_o 求解,则得

$$U_o = \frac{A_{u1}A_{u2}\dfrac{R_L}{r_{ce}+R_L}}{1+(1+nA_{u2})A_{u1}\dfrac{R_L}{r_{ce}+R_L}}U_r + \frac{\dfrac{R_L}{r_{ce}+R_L}}{1+(1+nA_{u2})A_{u1}\dfrac{R_L}{r_{ce}+R_L}}U_i \tag{4.6}$$

式中　$n = \dfrac{R_2}{R_1+R_2}$, $A_{u1} = \dfrac{r_{ce}}{r_{be}}\beta$;

U_o——稳压电源的直流输出电压;

U_i——稳压电源调整环节前的直流输入电压;

U_r——基准电压;

A_{u2}——比较放大器的开环增益或运算系数;

R_L——负载电阻;

r_{ce}——调整管集电极间的微变电阻。

需要说明的是,在推导式(4.6)时,调整管 V 的输出电流 I_o 只流向负载 R_L,并未考虑采样环节的分流。因此,只有当 $R_1 + R_2 \gg R_L$ 时,上述的简化不致带来较大的误差。若负载电流小,也就是 R_L 的阻值较高时,$R_1 + R_2 \gg R_L$ 这一条件不再成立。在此情况下,必须以 R_L' 来代替 R_L,而 R_L' 为:

$$R_L' = R_L /\!/ (R_1 + R_2) = \frac{R_L(R_1+R_2)}{R_L+R_1+R_2} \tag{4.7}$$

比较放大器的输出阻抗 r_o 在推导过程中亦是被忽略的,这种忽略一般是允许的。例如运算放大器的输出阻抗有的 200 Ω 左右,而多级达林顿电路输入阻抗可达 100 kΩ ~ 1 MΩ以上,若在某一具体电路中,放大器的输出阻抗不能忽略,则以 r_{be}' 代替 r_{be},有

$$r_{be}' = r_{be} + r_o \tag{4.8}$$

4.1.2　影响输出电压稳定度的因素分析

影响输出电压 U_o 稳定度的因素,可分电源外部和电源内部因素两种。外部因素包括输入电压、负载、环境温度的变化对稳定度的影响;稳压电源的内部因素包括基准电压、采样电阻、运算放大器某些参数的变化对稳定度的影响。环境温度的变化则是通过如基准电压、采样电阻、运放器的某些参数等随着温度的变化,由此影响稳定度的。

1)基准电压 U_r 变化对稳定度的影响

由式(4.6)

$$\left.\frac{dU_o}{U_o}\right|_{dU_r} = \frac{A_{u1}A_{u2}}{A_{u1}A_{u2}U_r + U_i}dU_r = \frac{A_{u2}}{A_{u2} + \dfrac{U_i}{A_{u1}U_r}}\frac{dU_r}{U_r} \tag{4.9}$$

由于 $A_{u2} \gg \dfrac{U_i}{A_{u1}U_r}$,所以上式可简化为:

$$\left.\frac{dU_o}{U_o}\right|_{dU_r} \approx \frac{dU_r}{U_r} \tag{4.10}$$

可以看出:以微变量表示的电压稳定度就等于基准电压变化的相对值,也就是基准电压的变化未受到削弱,而以其全部的变化量值来影响输出电压的稳定度,亦即输出电压也变化同样的相对值。由此可以得到两点结论:一是基准电压的稳定是至关重要的;二是稳定电源的稳定度不可高于基准电压的稳定度。

2)调节系统放大倍数的变化对稳定度的影响

由式(4.6)

$$\left.\frac{dU_o}{U_o}\right|_{dA} = \frac{U_r}{AU_r + U_i}dA - \frac{n\dfrac{R_L}{r_{ce} + R_L}}{1 + nA\dfrac{R_L}{r_{ce} + R_L}}dA \tag{4.11}$$

式中　$A = A_{u1}A_{u2}$——在推导的过程中,由于一般情况下 $nA_{u2} \gg 1$,所以 $1 + nA_{u2} \approx nA_{u2}$。

由于 $AU_r \gg U_i$,式(4.11)可简化为:

$$\left.\frac{dU_o}{U_o}\right|_{dA} = \frac{1}{1 + nA\dfrac{R_L}{r_{ce} + R_L}}\frac{dA}{A} \tag{4.12}$$

式(4.12)等号右边分母中的

$$\frac{R_L}{r_{ce} + R_L} \approx 0 \sim 1$$

当 $R_L \gg r_{ce}$ 时,$\dfrac{R_L}{r_{ce} + R_L} \approx 1$,系统放大倍数 A 的变化(以相对值表示)受到近乎 $\dfrac{1}{nA}$ 倍的削弱,因此对稳定度的影响很小。

当 $R_L \ll r_{ce}$ 时,$\dfrac{R_L}{r_{ce} + R_L} \approx 0$,系统放大倍数 A 的变化几乎没有被削弱,因此对稳定度的影

响较大。

在实际应用中,多数是 A 的变化对稳定度影响较小,只有在负载是极低阻值时,才接近第二种情况。

3)采样电路分压比的变化对稳定度的影响

由式(4.6)

$$\frac{\mathrm{d}U_o}{U_o}\bigg|_{\mathrm{d}n} = -\frac{A\dfrac{R_L}{r_{ce}+R_L}}{1+(1+nA_{u2})A_{u1}\dfrac{R_L}{r_{ce}+R_L}}\mathrm{d}n \tag{4.13}$$

在式(4.13)中,一般 $nA_{u2}\gg1$,$nAR_L\gg r_{ce}+R_L$,因此式(4.13)可简化为:

$$\frac{\mathrm{d}U_o}{U_o}\bigg|_{\mathrm{d}n} \approx -\frac{\mathrm{d}n}{n} \tag{4.14}$$

4.14 式表明了分压比变化,则以同一比值(相对值)影响稳定度;同时又表明当分压比降低时,输出电压将升高,两者作相反的变化。

4)输入电压的变化对稳定度的影响

由式(4.6)

$$\frac{\mathrm{d}U_o}{U_o}\bigg|_{\mathrm{d}U_i} \approx \frac{1}{A\dfrac{U_r}{U_i}+1}\frac{\mathrm{d}U_i}{U_i} \tag{4.15}$$

式中 A——$10^5 \sim 10^{10}$,而 $U_r/U_i > 10^{-1}$,因此输入电压的变化对稳定度的影响很小,A 值越大,影响越微弱。

5)负载的变化对稳定度的影响

由式(4.6)

$$\frac{\mathrm{d}U_o}{U_o}\bigg|_{\mathrm{d}R_L} = \frac{1}{1+\dfrac{R_L}{r_{ce}}[1+(1+nA_{u2})A_{u1}]}\frac{\mathrm{d}R_L}{R_L} \tag{4.16}$$

(4.16)式表明了当 A_{u1}、A_{u2} 大时,R_L 的变化对 U_o 的影响小。此外,当 R_L 相对于 r_{ce} 大时,R_L 的变化对稳定度的影响小,反之则影响大。

综上列举的各因素对稳定度的影响,基准电压 U_r、分压比 n 的变化,都是以全部的变量比值(相对值)影响稳定度的,系统 A 值的变化当负载 $R_L \ll r_o$ 时,同样对稳定度的影响很大。

4.2 稳压电源的纹波及减小纹波的方法

稳压电源输出电压或电流要求它的输出纹波要小。稳压直流电源,都是由交流电源经整流变压器、整流电路而得到的。中、小功率的稳压电源,都采用单相桥式整流;大功率的稳压电源,大多采用三相桥式整流。而整流输出电压是脉动的,这就需要滤波电路减小纹波。

4.2.1　稳压电源系统的纹波分析

引起电源输出电流交流纹波的因素较多,其中主要有:

(1)电网的交流电压经整流、滤波后所剩余的纹波。

(2)比较放大级器件本身的噪声及输入端引入的干扰信号。

(3)给定或可调基准电压的噪声。

4.2.2　减小纹波的方法

整流输出电压的纹波是引起输出电流交流纹波的主要因素。

1)滤波

减小整流输出的纹波电压,可采用一般滤波器。

2)选用 r_{ce} 大的功率管

r_{ce} 是串联调整管集射极间的微变电阻,也就是功率输出特性曲线和斜率,管子的输出特性放大区曲线越平坦,相应的 r_{ce} 越大。在大功率稳定电源中,调整环节由多级达林顿电路组成,达林顿电路中的功率可采用 P_{CM} 为 1 000 W 的管子,但为了获得较高的 r_{ce} 值和提高可靠性,宁可采用 P_{CM} 较小而输出特性曲线较平坦的功率管,将几十个功率管并联使用。

3)增大比较放大级增益

增大比较放大级运算放大器的运算系数,极限情况下可使运放器开环运行,也就是达到开环增益。需要注意的是,提高增益,要受到运放器的频率特性的制约。

4.3　开关稳压电源的杂音及其抑制

4.3.1　纹波及杂音的来源

整流电路一般由单相半波、全波或倍压等电路组成。整流器输出的脉动电压是由直流电压和加在其上的交流电压分量组成。这些交流分量可以用傅氏级数方法将其分解为一系列的正弦分量之和,这些正弦分量的振幅和频率各不相同,称为各次谐波。整流电压的脉冲情况与很多因素有关,如整流电路的形式、负载的性质、变换器工作的对称性、死区时间的大小等。

产生杂音的来源很多,如外来干扰、雷电、机械振动、接触不良,另外电路设计不当、元件参数选择不当以及结构布局、布线不合理等都会使电源杂音增大。

在开关稳压电源中,功率三极管和开关二极管在开-关翻转过程中,在微秒量级上升、下降时间内的大电流变化所产生的射频能量已成为杂音的主要来源。由于频率较高,它以电磁能的形式直接向空间辐射,或者以干扰电流的形式沿着输入、输出端的导线传送。

在开关稳压电源中,产生杂音的又一个来源是内部寄生电容在开关状态下突然的充放电,变压器寄生电容、半导体器件与散热器间的电容以及导线到机架之间的电容尤为突出。人们无法逃避能量通过寄生电容的事实,但是能够通过合理地设计布局,减小内部寄生电容,并尽量控制杂音的流通途径,使它保持在电源内部。

4.3.2 纹波滤除的方法

1)一般整流电路的滤波

在有些情况下,对电源纹波要求不高的场合,如电镀、灯丝供电,可以直接应用整流电路输出的脉动电压。但是,在雷达、通信、仪表等电子设备中,就不能满足要求,如果直流电压脉动大,即交流成分大,产生杂音,会严重影响信号的质量。因此,整流电路后面总是要接入低通滤波器,抑制交流成分,才能保证正常供电。滤波器应该具有一定的平滑系数或滤波系数 q_n,以便减小纹波。

$$平滑系数\ q_n = \frac{U_{\sim msr}}{U_{\sim msc}} \tag{4.17}$$

式中 $U_{\sim msr}$ 和 $U_{\sim msc}$——滤波前(滤波器输入端)和滤波后(滤波器输出端)第 n 次谐波电压的幅度。平滑系数 q_n 表示滤波器将第 n 次谐波电压降低的倍数,$q_n > 1$,其值越大,表示滤波能力越强,滤波效果越好。

常用的滤波器有电感输入式滤波器(如电感滤波,倒 L 型 LC 滤波,T 型 LCL 滤波),电容输入式滤波器(电容滤波,π 型 CLC 滤波),还有电阻输入式滤波器(如倒 L 型 RC 滤波)。其中电感输入式滤波器适用于大功率且负载变化较大的场合,电容输入式滤波器适用于负载电流较小的场合。但是,在串联谐振变换器中,滤波器必须采用电容输入式滤波,而在并联谐振变换器中,滤波器必须采用电感输入式滤波器。

对于 LC 滤波器,电路的固有谐振频率 $\omega_o = \dfrac{1}{\sqrt{LC}}$ 应该低于整流电压中最低次谐波的频率,这样滤波器对含最低次谐波在内的各次谐波都呈现感性,避免了滤波器谐振于最低谐波频率的危险。

对于 LC 滤波,平滑系数 $q_n = \omega_n^2 LC - 1$。

对于 RC 滤波,平滑系数 $q_n = \omega_n CR$。

对于电容 C 滤波,可用基本的关系 $i_c = C\dfrac{du_c}{dt}$,求出电容上的纹波幅值,$\Delta u_c = I\Delta t/C$。

2)有源滤波器

采用图 4.2 所示的有源滤波器能使用较小容量的滤波电容来达到较好的滤波效果。

有源滤波器是利用晶体管的电流放大作用,把通过发射极的电流折合在基极,基极电流为发射极电流的 $1/(1+\beta)$ 倍。在基极回路滤波,电阻 R_1 可以取得比较大,R_1C_1 组成的滤波器使晶体管 V 的基极纹波很小,因此发射极输出纹波也很小。

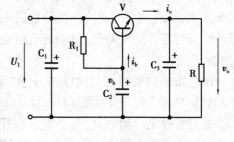

图 4.2 有源滤波器

假设 V 的发射极回路有一个足够大的滤波电容 C_3',发射极电流的交流分量为 i_o。由于 $\dfrac{1}{\omega C_3'} \ll R$,则输出纹波电压为:

$$v_o = i_o \frac{1}{\omega C_3'} \tag{4.18}$$

若不接 C_3'，而在基极接一个电容 C_2，则基极的纹波电压为：

$$v_b = i_b \frac{1}{\omega C_2} \tag{4.19}$$

由于 $i_o = (1+\beta)i_b$，若要使二者获得同样的滤波效果，即 $v_o = v_b$，则得

$$(1+\beta)i_b \frac{1}{\omega C_3'} = i_b \frac{1}{\omega C_2} \tag{4.20}$$

$$C_2 = \frac{C_3'}{1+\beta} \tag{4.21}$$

由此可见，在基极接一个 $C_3'(1+\beta)$ 的电容所起的滤波作用与在发射极接一个 C_3' 的电容是一样的，采用这种电路可以大大减小滤波电容的容量、体积和成本，达到较好的滤波效果。

3）高频滤波电容器

工作在几十赫兹的开关频率下的滤波电容器具有良好的高频属性特性，它必须具有低阻抗，并且能在整个温度范围内承受高的纹波电流。为了确保在电容器功率限额内安全工作，纹波电流不得超过厂家规定值，同时电容器上直流电压和交流电压峰值均不得超过厂家规定值。为了得到较小的等效串联电阻（ESR）常采用实心钽电容，或用多个电容并联，用一个大电容和一个陶瓷小电容并联，同时将电容器安装在接近地的线路上，用最短的引线把外壳接地，也可以提高工作频率。

4.3.3 抑制杂音的方法

在开关稳压电源的输出端，用示波器观察波形，得到开关稳压器产生的杂音包括 100 Hz 的低频率纹波和包括 40 kHz 的高频纹波，而且包括 500 kHz、5 MHz，乃至 10 MHz 左右的高频杂音成分。

为了防止由开关稳压器产生的开关电流脉冲去干扰或破坏与输入电路有关的外部电子设备，同时，也能防止外部的干扰、浪涌串入电源内，在交流输入端加入进线滤波器。为了减低从电源传给负载的杂音，输出端也必须使用杂音滤波器。

1）各种滤波器的构成

各种滤波器的构成如图 4.3 所示，图 4.3（a）中，阻抗 $Z = \frac{1}{\omega C_1}$，高频区域，用陶瓷电容、聚脂薄膜电容并联使用更为有效。图 4.3（b）中，杂音能经电容旁路到地线上，这种滤波器应使接地阻抗尽量小。图 4.3（c）中，C_1、C_2 对不对称杂音有效果，C_3 对对称杂音有效。应使电容器的引线及连结地的引线尽量短。图 4.3（d）为常用的杂音滤波，L_1、L_2 呈现高阻抗，C_1 为低阻抗，当 L_1、L_2 使用共模电感时，对于对称和非对称杂音都是有效的。图 4.3（e）用于对共模杂音用的滤波，重要的是接地阻抗应尽量小。

图 4.4 是对于共模杂音和常态模杂音都有效的线滤波器电路，其中 L_1、L_2、C_1 为去常态模杂音回路，L_3、C_2、C_3 构成去除共模杂音回路。L_1、L_2 的铁芯应选择不易磁饱和的材料及 μ-f 特性优良的铁芯材料。C_1 使用陶瓷电容或聚脂薄膜电容，有足够的耐压值，容量一

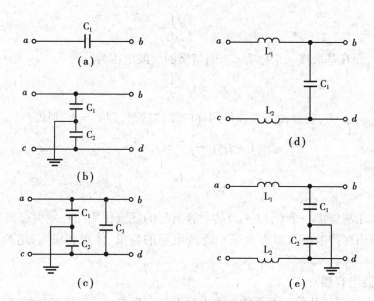

图 4.3　各种滤波器的构成

般取 0.22 ~ 0.47 μF。L_3 为共模电感,它对共模杂音具有高阻抗。

2)共模电感

图 4.5 表示共模电感及其磁通的方向,它在同一个铁芯上有两个匝数相等的绕组,电源线的往返电流在铁芯中产生的磁通方向相反,互相抵消,因而不起电感作用,对于电源相线和地线间的共模杂音,能得到一个大的电感量,呈现高阻抗,对共模杂音有良好的抑制作用。

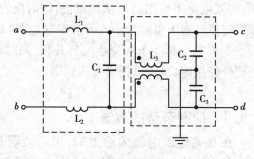

图 4.4　线滤波器电路

有时,即使做成共模电感也不一定得到多

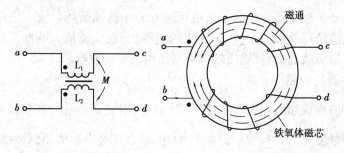

图 4.5　共模电感及其磁通的方向

大的效果。这时应注意线圈的输入必须和输出分离。另外,由于线圈中线间存在寄生电容,通过线圈的杂音通过寄生电容也会传播,所以绕线时必须充分注意,尽量减小线间寄生电容。另外由于导线表面流过高频电流,出现所谓集肤效应,在选择导线时必须考虑到这一点。

3)抑制交流侧杂音的滤波器

在交流输入侧加入的线滤波器是一个低通滤波器,它允许通过 50,60,400 Hz 低频,对于 20 kHz ~ 20 MHz 频带范围应有足够的衰减量(40 ~ 100 dB),理想的滤波器对于高频分量能阻止通过,即滤波效果好。当采用单个滤波器时,不容易得到好的滤波效果,当使用 2 ~ 3 组 LC 滤波器组合时,能得到较好的滤波效果。

　　实用的线滤波器如图 4.6 所示。它采用共模电感,为了减小高频电流旁路,电感应具有小的分布电容,均匀地绕在无气隙圆环上,以减小射频干扰。电容采用高频特性良好的电容,引线尽量短,以便减小引线电感,一般采用容量为 2 200 pF 左右的陶瓷电容或聚脂膜电容。整个滤波采用全封闭结构,用钢板屏蔽,并与机壳相连。

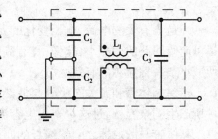

图 4.6　实用的线滤波器

4)抑制直流侧杂音的滤波器

　　仅有交流侧的杂音滤波还是不够的,为了减小电源的输出杂音,并防止负载中的高频信号干扰开关稳压器的正常工作,必须在直流输出侧加上滤波器。常用的滤波器为电容滤波或电感滤波,在输出端用多个电解电容并联联接,再并上 0.01,0.1,1,100 μF 等电容也能达到滤波效果。输出端插入共模电感时,效果更好。

　　如图 4.7 所示。共模电感用七匝导线绕制而成,有很好的滤波效果,输出端杂音尖刺基本滤除。

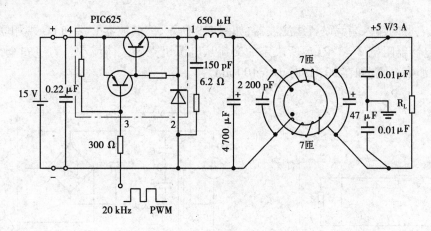

图 4.7　共模电感的输出滤波电路

5)输出配线和杂音滤波

　　开关电源在供给负载配线中,当配线长时,共模杂音经寄生电容传播,输出杂音增大,若采用绞扭线比平行线配线效果好。如用 1 m 长、5 cm 间距的平行线传送时,负载侧的杂音为 60 mV;改用 1 cm 节距的绞扭线传送时,负载侧杂音仅为 14 mV。

　　从平行线和绞扭线对杂音影响的定量测量统计,绞扭线对抑制杂音是有效的,且绞扭节距越小(即绞得越紧),效果越好。

　　当然,输出配线采用绞扭线时,应自始至终绞扭在一起,若在中间有一部分线没有绞扭,形成一个回路,两线间包含较大的面积,也会影响输出杂音。在电源的输出端附近若配置滤波器后,再实行绞扭配线,也能减小杂音。

6)电路元件安装减低杂音

在电路元件安装上应尽量使输入交流和输出直流插座分开并远离。布线严格分开,简化电流通路的途径,减小相互交叉干扰,同时使输入、输出布线远离静电场和电磁场杂音产生源。

凡是含有大的电流、电压变化的元件(功率晶体管和开关二极管)的回路应合理布局,尽可能使回路的面积小,这样,具有高的电流变化率、电压变化率的回路布线尽可能短,以便减小杂音辐射源的有效区域。

功率晶体管和开关二极管与散热器组装在一起时,总存在一定的寄生电容,半导体器件所产生的杂音,通过这个寄生电容流入机壳,引起共模杂音传播。

晶体管与散热器之间绝缘板的厚度应厚些,同时在晶体管与散热器之间加入铜板作为静电屏蔽用。另外,在电路安装时,不要将晶体管和具有高阻的回路(如运放输入端)配置在一起。这些措施对减小输出端的杂音都是有益的。

7)接地减小杂音

电子设备的安全接地是人身安全的基本保证。此外,电子设备的误动作,甚至遭受损坏与开关电源的输出杂音有重要关系。而安全接地又与杂音的大小紧密相关。

有各种各样接地的方式,为了安全,接地阻抗就尽可能地小,地线应短而粗。标准的三线制交流配线如图4.8所示。熔断器串入相线中,供给负载与中线形成回路,机壳应安全接地。

稳压电源的输入端就设置线滤波器,如图4.9所示,线滤波器 E 端和 FG 端相联,FG 端浮动,由电容器阻抗 $Z = 1/2\pi fc$ 所决定的交流从电源机壳向人体流动。为了安全,规定线滤波器的泄漏电流,如在 50 Hz 时小于 100 mA。

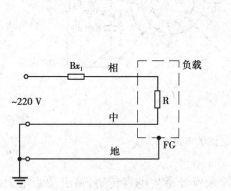

图 4.8 标准的三线制交流配电   图 4.9 线滤波器电路

线滤波器中 C_1、C_2 的容量大时,滤波效果好,但是,感应电流增大,因此电容量的增大是受限制的,选择频率特性良好的电容,能够得到较好的效果。

线滤波器的级数为 2~3 级时,能加强抑制杂音的效果,但是与前面一样,也会增大泄漏电流。

8)屏蔽

抑制寄生耦合和寄生感应产生的杂音。在大多数情况下,采用合理的布局及屏蔽等措施,能将寄生耦合和寄生感应衰减到允许的数值。

所谓屏蔽,就是把电磁能量限制在一定的空间范围内,防止从一个领域向另一个领域传播电磁波。它通过可能采用的各种方法来阻止电磁能量的传播。例如采用滤波电路和金属罩组成的电源输入滤波器来防止射频能量沿电源线传播。

电路之间可能发生的电磁耦合可分为下列4种形式:电场耦合、磁场耦合、电磁场耦合和连接两个电路系统导线的耦合。

要做到完全屏蔽,只有把所有4种电磁耦合都抑制掉才能实现,事实上并不需要完全屏蔽,只要在一定程度上减弱电路之间的电磁耦合,满足电路指标就可以了。

在自由空间中,近电场和磁场的强度与离产生电场和磁场的元件的距离平方成反比,而辐射电磁场的强度与距离和一次方成反比。在短距离的情况下,上述4种耦合起作用,随着距离的增加,首先消失的是近电场和近磁场的耦合,其次是辐射电磁场的耦合,而在距离更远时,就只有沿导线的耦合起作用了。

电屏蔽的效果完全取决于屏蔽物与设备机壳之间的短路,而磁屏蔽则完全决定于频率,频率越低,则磁屏蔽的作用越弱。

小 结

本章分析了影响串联线性稳压电源的稳定度的因素有:基准电压的变化、放大器的温漂、采样电路的分压比的变化、输入电压的变化、负载的变化等,以及提高稳定度的基本措施。

电源的杂音是影响电源质量的另一重要因素,特别是开关电源的高频辐射。抑制杂音的方法,归纳起来,对于外来的杂音,应在交流进线配置线滤波器,滤波器频率特性应与电路相适应,交流配线应绞扭。对于开关电源内部的杂音,高速开关元件用缓冲电路,应减小高速二极管的反向电流,尽可能减小旁路电容的引线电感,地线应短而粗,信号线和主回路分离,远距离取样线和脉冲负载电流线分开配线,电源的交流输入和直流输出分开配线,实行绞扭线布线。对于控制回路和主回路,特别是地线具有公共的阻抗,应绝对分离,应从电容器上分别引出各自的地线。灵敏度高的装置中采用屏蔽,静电屏蔽接地要良好,为了保护人身安全,减小杂音都需要良好的接地。

思考题与练习题

4.1 试说明线性稳压电源稳定度与哪些因素有关?

4.2 说明减小直流电源输出的纹波的方法。

4.3 开关稳压电源的杂音来源有哪些? 如何进行抑制?

4.4 在实践中,遇到过电源电压不稳定吗? 你是如何解决的?

4.5 总结一下在工程实践中各种接地方法,每种接地各是为了解决什么问题?

稳压电源电路设计与应用

本章要点

线性稳压电源设计方法

开关电源电路指标分析与设计

开关稳压电源电路应用

5.1 线性稳压电源设计

由于集成稳压器的出现,稳压电源的设计大为简化。通过对本章内容的学习与实践,学会选择变压器、整流二极管(或整流桥)、滤波电容及集成稳压器等器件来设计直流稳压电源,掌握稳压电源的主要性能参数及测试方法,熟悉理论设计要求与步骤。

5.1.1 线性稳压电源电路

小功率稳压电源由电源变压器、整流电路、滤波电路和稳压电路4个部分组成,如图5.1所示。

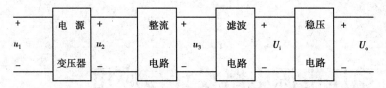

图 5.1 稳压电源的组成框图

1)电源变压器

电源变压器的作用是将来自电网的 220 V 交流电压 u_1 变换为整流电路所需要的交流电压 u_2。当用 1:1 的变比来变压时,通常称为信号隔离。电源变压器的效率为:

$$\eta = \frac{P_2}{P_1} \tag{5.1}$$

式中　P_2——变压器副边的功率;

P_1——变压器原边的功率。

一般小型变压器的效率如表5.1所示:

表 5.1 小型变压器的效率

副边功率 P_2/VA	< 10	10 ~ 30	30 ~ 80	80 ~ 200
效率 η	0.6	0.7	0.8	0.85

因此,当算出了副边功率 P_2 后,就可以根据上表算出原边功率 P_1。

2)整流和滤波电路

在稳压电源中一般用 4 个二极管组成桥式整流电路,整流电路的作用是将交流电压 u_2 变换成脉动的直流电压 u_3。滤波电路一般由电容组成,其作用是把脉动直流电压 u_3 中的大部分纹波加以滤除,以得到较平滑的直流电压 U_i。U_i 与交流电压 u_2 的有效值 U_2 的关系为:

$$U_i = (1.1 \sim 1.2)U_2 \tag{5.2}$$

在整流电路中,每只二极管所承受的最大反向电压为:

$$U_{RM} = \sqrt{2}U_2 \tag{5.3}$$

流过每只二极管的平均电流为:

$$I_D = \frac{I_R}{2} = \frac{0.45U_2}{R} \tag{5.4}$$

式中　R——整流滤波电路的负载电阻,它为电容 C 提供放电通路,放电时间常数 RC 应满足:

$$RC > \frac{(3 \sim 5)T}{2} \tag{5.5}$$

式中　$T = 20$ ms,是 50 Hz 交流电压的周期。

　　3)稳压电路

　　由于输入电压 u_1 发生波动、负载和温度发生变化时,滤波电路输出的直流电压 U_i 会随着变化。因此,为了维持输出电压 U_i 稳定不变,还需加一级稳压电路。稳压电路的作用是当外界因素(电网电压、负载、环境温度)发生变化时,能使输出直流电压不受影响,而维持稳定的输出。稳压电路一般采用集成稳压器和一些外围元件所组成。采用集成稳压器设计的稳压电源具有性能稳定、结构简单等优点。

　　集成稳压器的类型很多,在小功率稳压电源中,普遍使用的是三端稳压器。按输出电压类型可分为固定式和可调式,此外又可分为正电压输出或负电压输出两种类型。

5.1.2　稳压电源的设计方法

　　稳压电源的设计,是根据稳压电源的输出电压 U_o、输出电流 I_o、输出纹波电压 $\Delta U_{op\text{-}p}$ 等性能指标要求,正确地确定出变压器、集成稳压器、整流二极管和滤波电路中所用元器件的性能参数,从而合理地选择这些器件。

　　稳压电源的设计可以分为以下 3 个步骤:

　　(1)根据稳压电源的输出电压 U_o、最大输出电流 I_{omax},确定稳压器的型号及电路形式。

　　(2)根据稳压器的输入电压 U_i,确定电源变压器副边电压 u_2 的有效值 U_2;根据稳压电源的最大输出电流 I_{omax},确定流过电源变压器副边的电流 I_2 和电源变压器副边的功率 P_2;根据 P_2,从表 5.1 查出变压器的效率 η,从而确定电源变压器原边的功率 P_1;然后根据所确定的参数,选择电源变压器。

　　(3)确定整流二极管的正向平均电流 I_D、整流二极管的最大反向电压 U_{RM} 和滤波电容的电容值和耐压值。根据所确定的参数,选择整流二极管和滤波电容。

　　设计举例:设计一个直流稳压电源,性能指标要求为:

$$U_o = +3 \sim +9 \text{ V}, \quad I_{omax} = 800 \text{ mA},$$

纹波电压的有效值 $\Delta U_o \leqslant 5$ mV,稳压系数 $S_v \leqslant 3 \times 10^{-3}$。

　　设计步骤:

　　(1)选择集成稳压器,确定电路形式。集成稳压器选用 CW317,其特性参数为:输出电压范围 $U_o = 1.2 \sim 37$ V,最大输出电流 I_{omax} 为 1.5 A,输入电压与输出电压差的最小值 $(U_i - U_o)_{min} = 3$ V,输入电压与输出电压差的最大值 $(U_i - U_o)_{max} = 40$ V,所确定的稳压电源电路如图 5.2 所示。

　　图 5.2 中,取 $C_1 = 0.01$ μF,$C_2 = 10$ μF,$C_0 = 1$ μF,$R_1 = 200$ Ω,$R_W = 2$ kΩ,二极管用 IN4001 在图 5.2 电路中,R_1 和 R_W 组成输出电压调节电路,输出电压 $U_o \approx 1.25(1 + R_W/R_1)$,$R_1$ 取 120 ~ 240 Ω,流过 R_1 的电流为 5 ~ 10 mA。取 $R_1 = 240$ Ω,则由 $U_o =$

$1.25(1 + R_W/R_1)$ 可求得:$R_{Wmin} = 210\ \Omega$,$R_{Wmax} = 930\ \Omega$,故取 R_W 为 2 kΩ 的精密线绕电位器。

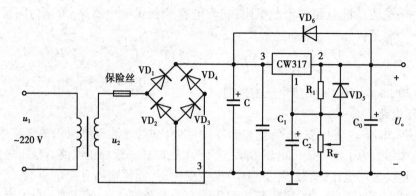

图 5.2　输出电压可调的稳压电源

(2)选择电源变压器。由于 CW317 的输入电压与输出电压差的最小值$(U_i - U_o)_{min} = 3\ V$,输入电压与输出电压差的最大值$(U_i - U_o)_{max} = 40\ V$,故 CW317 的输入电压范围为:

$$U_{omax} + (U_i - U_o)_{min} \leqslant U_i \leqslant U_{omin} + (U_i - U_o)_{max}$$

即

$$9\ V + 3\ V \leqslant U_i \leqslant 3\ V + 40\ V$$

$$12\ V \leqslant U_i \leqslant 43\ V$$

$$U_2 \geqslant \frac{U_{imin}}{1.1} = \frac{12\ V}{1.1} = 11\ V,取\ U_2 = 12\ V$$

变压器副边电流:$I_2 > I_{omax} = 0.8\ A$,取 $I_2 = 1\ A$,

因此,变压器副边输出功率:$P_2 \geqslant I_2 U_2 = 12\ W$

由于变压器的效率 $\eta = 0.7$,所以变压器原边输入功率 $P_1 \geqslant P_2/\eta = 17.1\ W$ 为留有余地,选用功率为 20 W 的变压器。

(3)选用整流二极管和滤波电容。由于 $U_{RM} > \sqrt{2}U_2 = \sqrt{2} \times 12 = 17\ V$,$I_{omax} = 0.8\ A$

IN4001 的反向击穿电压 $U_{RM} \geqslant 50\ V$,额定工作电流 $I_D = 1\ A > I_{omax}$,故整流二极管选用 IN4001。

根据,$U_o = 9\ V$,$U_i = 12\ V$,$\Delta U_{op-p} = 5\ mV$,$S_v = 3 \times 10^{-3}$ 和公式

$$S_v = \frac{\Delta U_o}{U_o} \bigg/ \frac{\Delta U_i}{U_i} \bigg|_{\substack{I_o = 常数 \\ T = 常数}} \tag{5.6}$$

可求得:

$$\Delta U_i = \frac{\Delta U_{op-p} U_i}{U_o S_v} = \frac{0.005 \times 12}{9 \times 3 \times 10^{-3}}V = 2.2\ V$$

所以,滤波电容:

$$C = \frac{I_c t}{\Delta U_i} = \frac{I_{omax} \cdot \dfrac{T}{2}}{\Delta U_i} = \frac{0.8 \times \dfrac{1}{50} \times \dfrac{1}{2}}{2.2}F = 0.003\ 636\ F = 3\ 636\ \mu F$$

电容的耐压要大于 $\sqrt{2}U_2 = \sqrt{2} \times 12\ V = 17\ V$,故滤波电容 C 取容量为 4 700 μF,耐压为 25 V 的电解电容。

5.1.3　稳压电源的安装与调试

　　按图 5.3 所示安装集成稳压电路(其中:VD₅、VD₆ 为 IN4001 型二极管,$C_1 = 0.1\ \mu F$,$C_2 = 10\ \mu F$,$C_o = 1\ \mu F$),然后从稳压器 VD₆ 的输入端加入直流电压 $U_i \leqslant 12\ V$,调节 R_W,若输出电压也跟着发生变化,说明稳压电路工作正常。用万用表测量整流二极管的正、反向电阻,正确判断出二极管的极性后,按图 5.2 所示先在变压器的副边接上额定电流为 1 A 的保险丝,然后安装整流滤波电路。安装时要注意,二极管和电解电容的极性不要接反。经检查无误后,才将电源变压器与整流滤波电路连接,通电后,用示波器或万用表检查整流后输出电压 U_i 的极性。若 U_i 的极性为负,则说明整流电路没有接对,此时若接入稳压电路,就会损坏集成稳压器。因此确定 U_i 的极性为正后,断开电源,按图 5.4 所示将整流滤波电路与稳压电路连接起来。然后接通电源,调节 R_W 的值,若输出电压满足设计指标,说明稳压电源中各级电路都能正常工作,此时就可以进行各项指标的测试。

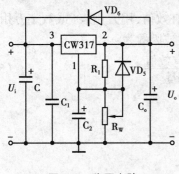

图 5.3　稳压电路

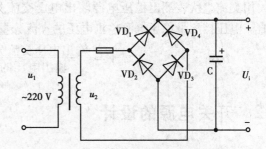

图 5.4　整流滤波电路

5.1.4　稳压电源各项性能指标的测试

　　1)输出电压与最大输出电流的测试

　　测试电路如图 5.5 所示。一般情况下,稳压器正常工作时,其输出电流 I_o 要小于最大输出电流 I_{omax},取 $I_o = 0.5\ A$,可算出 $R_L = 18\ \Omega$,工作时 R_L 上消耗的功率为:

$$P_L = U_o I_o = 9 \times 0.5 = 4.5\ W$$

故 R_L 取额定功率为 5 W,阻值为 18 Ω 的电位器。

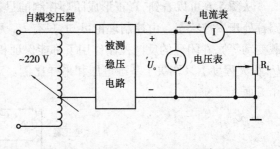

图 5.5　稳压电源性能指标的测试电路

　　测试时,先使 $R_L = 18\ \Omega$,交流输入电压为 220 V,用数字电压表测量的电压值就是 U_o。然后慢慢调小 R_L,直到 U_o 的值下降5%,此时流经 R_L 的电流就是 I_{omax},记下 I_{omax} 后,要马上调大 R_L 的值,以减小稳压器的功耗。

　　2)稳压系数的测量

　　按图 5.5 所示连接电路,在 $u_1 = 220\ V$ 时,测出稳压电源的输出电压 U_o。然后调节自耦变压器,使输入电压 $u_1 = 242\ V$,测出稳压电源对应的输出电压 U_{o1};再调节自耦变压器,使输入电压 $u_1 = 198\ V$,测出稳压电源的输出电压 U_{o2}。则稳压系数为:

$$S_v = \frac{\dfrac{\Delta U_o}{U_o}}{\dfrac{\Delta U_1}{U_1}} = \frac{220}{242 - 198} \cdot \frac{U_{o1} - U_{o2}}{U_o} \qquad (5.7)$$

3）输出电阻的测量

按图 5.5 所示连接电路，保持稳压电源的输入电压 $u_1 = 220$ V，在不接负载 R_L 时测出开路电压 U_{o1}，此时 $I_{o1} = 0$，然后接上负载 R_L，测出输出电压 U_{o2} 和输出电流 I_{o2}，则输出电阻为：

$$R_o = -\frac{U_{o1} - U_{o2}}{I_{o1} - I_{o2}} = \frac{U_{o1} - U_{o2}}{I_{o2}} \qquad (5.8)$$

4）纹波电压的测试

用示波器观察 U_o 的峰值，（此时 Y 通道输入信号采用交流耦合 AC），测量 ΔU_{op-p} 的值（约几 mV）。

5）纹波因数的测量

用交流毫伏表测出稳压电源输出电压交流分量的有效值，用万用表（或数字万用表）的直流电压挡测量稳压电源输出电压的直流分量。则纹波因数为：

$$\gamma = \frac{\text{输出电压交流分量的有效值}}{\text{输出电压的直流分量}} \qquad (5.9)$$

5.2 开关电源的设计

5.2.1 开关电源电路

在各类电子设备中，对电源电压的特性有较严格的要求，如：电压精度、负载能力、电压的纹波和噪声、启动延迟、上升时间、恢复时间、电压过冲、断电延迟时间、跨步负载响应、跨步线性响应、交叉调整率、交叉干扰等。

从图 5.6 可以看到，真正形成闭环控制的只有主电路（U_P），其他的 U_{aux1}、U_{aux2} 等辅助电路都处于失控状态。由控制理论可知，只有 U_P 无论输入、输出如何变动（包括电压变动、负载变动等），在闭环的反馈控制作用下都能保证相当高的精度（一般优于 0.5%），也就是说 U_P 很大程度上只取决于基准电压和采样比例。对 U_{aux1}、U_{aux2} 而言，其精度主要依赖以下几个方面：

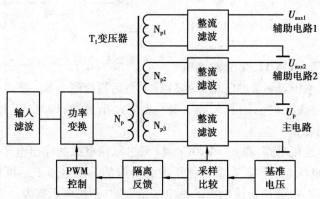

图 5.6　多路输出开关电源组成框图

(1)T_1 的匝比,这里主要取决于 $N_{P1}:N_{P2}$ 或 $N_{P1}:N_{P3}$。

(2)辅助电路的负载情况。

(3)主电路的负载情况。

以上 3 点设定后,输入电压的变动对辅助电路的影响已经很有限了。作为一个具体的开关电源变换器,主变压器的匝比已经设定,所以影响辅助电路输出电压精度最主要的因素为主电路的负载情况。在开关电源产品中有专门的技术指标说明和规范电源的这一特性,即交叉负载调整率。

根据图 5.6 所示原理组成的实际开关电源,其主要电路仅反馈主输出电压,其他辅助电路完全放开。此时假设主、辅电路的功率比为 1∶1,实际测得主电路交叉负载调整率优于 0.2%,而辅助电路的交叉负载调整率大于 50%。如何降低辅电路交叉负载调整率,最直接的方法就是给辅助电路加一个线性稳压调节器(包括三端稳压器和低压差三端稳压器)。设计中应坚持的原则如下:

(1)主电路实际使用的电流最小应为最大输出电流的 30%。

(2)主电路电压精度应优于 0.5%。

(3)辅助电路的功率最好小于主电路功率的 50%。

(4)辅助电路的交叉负载调整率不大于 10%。

5.2.2　多路输出电路方案

1)确定多路输出的技术指标

假定要设计的开关电源具有 3 路输出:主输出 U_{o1}(5 V、2 A、10 W)以及辅助输出为 U_{o2}(12 V、1.2 A、14.4 W)和 U_{o3}(30 V、20 mA、0.6 W)。总输出功率为 25 W。

各路输出的稳压性能对于电路结构和高频变压器的设计至关重要。通常,主输出的稳定性要高于辅助输出。现将 +5 V 作为主输出,其负载调整率 $S_I \leqslant \pm 1\%$,其余两路优于 $\pm 5\%$。

2)确定反馈电路

多路输出的反馈电路有 4 种类型:基本反馈电路、改进型基本反馈电路、配稳压管的光耦反馈电路和配 TL431 的光耦反馈电路。其中第四种电路的稳压性能最好。

(1)基本反馈电路是利用反馈绕组间接获取输出电压的变化信号,因此不需要使用光耦合器。该方案的电路最为简单,但开关电源的稳定性不高,难以把负载调整率 S_I 降至 $\pm 5\%$ 以下。若仅为改善轻载时的负载调整率,可在输出端并联一只合适的稳压管,使其稳定电压 $U_Z = U_{o1}$ 此时轻载下的 $S_I < \pm 5\%$。

(2)改进型(亦增强型)基本反馈电路的特点是在反馈电路中串联一只 22 V 的稳压管,再并联一只 0.1 μF 电容器。

(3)配稳压管的光耦反馈电路是利用一只稳压管的稳定电压作为次级参考电压,由稳压管的稳定电压(U_Z)、光耦合器中 LED 的正向压降(U_F)和用于控制环路增益的串联电阻 R_1 上的压降(U_{R1})三者之和决定输出电压值。当 U_Z 的偏差小于 2% 时,能将主输出的负载调整率控制在 $\pm 2\%$ 以内,该电路的缺点是参考电压的稳定度不高,并且只对主输出进行反馈,其他各路辅助输出未加反馈,因此辅助输出的电压稳定性较差。

（4）配 TL431 的多路输出光耦反馈电路是利用 TL431 型可调式精密并联稳压器构成次级误差电流放大器,再通过光耦合器对主输出进行精确的调整。除主输出作为主要的反馈信号之外,其他各路辅助输出也按照一定比例反馈到 TL431 的 2.50 V 基准端,这对于全面提高多路输出式开关电源的稳压性能具有重要意义。

5.2.3 开关电源电路设计

根据上述原则设计的多路输出式 25 W 开关电源电路如图 5.7 所示。该电路采用一片 YOP223Y 型三端单片开关电源芯片,交流输入电压的范围是 85～265 V,高频变压器的次级有 3 个独立绕组,仅在主输出端（±5 V）设计了带 TL431（IC_3）的光耦反馈电路,多路输出式开关电源有以下两种工作方式:

（1）不连续模式（DCM）,其优点是在同等输出功率的情况下,高频变压器能使用尺寸较小的磁芯。

（2）连续模式（CCM）,其优点是能提高 TOPSwitch 的利用率,多路输出式开关电源一般选择连续方式,因高频变压器的尺寸不是重要的问题,此时需关注的是多少个次级绕组如何与印制板电路实现最佳配合。

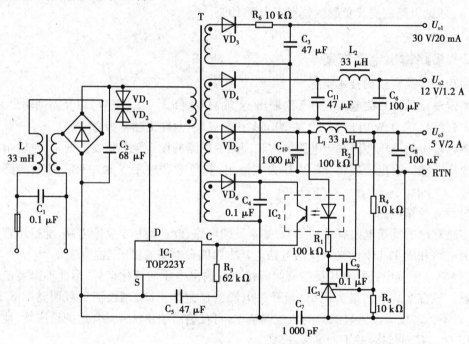

图 5.7　多路输出式开关电源电路

5.2.4 多路输出式高频变压器的选择

高频变压器如采用 EE29 型,其有效磁通面积 $S_J = 0.76$ cm^2,留出的磁芯气隙宽度 $\delta = 0.38$ mm,骨架有效宽度为 26 mm。初级绕组采用 $\phi 0.3$ mm 漆包线 77 匝,反馈绕组用 $\phi 0.3$ mm 漆包线 9 匝。在计算次级各绕组的匝数时,可取相同的"每伏匝数"。每伏匝数

N_V 由下式确定：

$$N_V = \frac{N_S}{U_{o3} + U_{F5}} = \frac{4}{5 + 0.4} \approx 0.74$$

式中，每伏匝数 N_V 的单位是"匝数伏"。N_S 取 4 匝，$U_{o3} = 5$ V，U_{F5} 取 0.4 V（肖特基整流管压降）。

由 $N_V = 0.74$ 匝/伏可计算其他绕组的匝数。对于 12 V 输出，已知 $U_{F2} = 0.7$ V（快恢复整流管压降），$U_{o2} = 12$ V，因此 $N_{12} = 0.74 \times (12 \pm 0.7) \approx 9.4$ 匝，实取 9 匝。

对于 30 V 输出，因 $U_{F3} = 0.7$ V（快恢复整流管压降），$U_{o1} = 30$ V，故 $N_{30} = 0.74 \times (30 \pm 0.7)$ 匝 ≈ 22.7 匝，实取 22 匝。

在选择变压器时，首选多股导线并联后平行绕在骨架上，这样能保证良好的覆盖性，增强初级与次级的耦合程度。

在选取输出整流管的参数时，应遵循以下原则：整流管的额定工作电流（I_F）至少为该路最大输出电流的 3 倍；整流管的最高反向工作电压（U_{RM}）必须高于最低耐压值（U_R）。根据上述原则所选输出整流管的型号及参数如表 5.2 所示。由表 5.2 可见，所选整流管的技术指标均留有一定的余量。

表 5.2

输出电压/V	规定指标		整流管的型号与参数		
	最大输出电流/A	最低电压/V	型　号	I_F	U_{RM}/V
5	2.0	30	MBR745	7.8	45
12	1.2	70	MUR420	4.0	200
30	20 mA	170	UF4004	1.0	400

5.2.5　多路输出单片开关电源的改进

图 5.8 所示开关电源电路仅从 5 V 主输出上引出反馈信，其余各路未加反馈电路。这样，当 5 V 输出的负载电流发生变化时，会影响 12 V 输出的稳定性。解决方法是给 12 V 输出也增加反馈，电路如图 5.8 所示。在 12 V 输出端与 TL 431 的基准端之间并上电阻 R_6，并将 R_4 的阻值从 10 kΩ 增至 21 kΩ。由于 12 V 输出也提供一部分反馈信号，因此可改善该电路的稳定性。在改进前，当 5 V 主输出的负载电流从 0.5 A 变化到 2.0 A（即从满载电流的 25% 变化到 100%）时，12 V 输出的负载调整率 $S_I = \pm 2\%$。在改进后，$S_I = 1.5\%$。

12 V 输出的反馈量由 R_6 的阻值来决定。

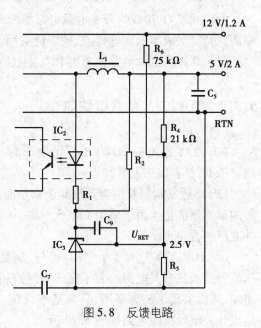

图 5.8　反馈电路

假定要求 12 V 输出与 5 V 输出反馈量相等,各占总反馈量的一半,即反馈比例系数 $K = 50\%$。此时通过 R_6、R_4 的电流应相等,即 $I_{R6} = I_{R4}$。TL431 的基准端电压 $U_{REF} = 2.5$ V。改进前,全部反馈电流通过 R_4,因此:

$$I_{R4} = \frac{U_{o3} - U_{REF}}{R_4} = \frac{5 - 2.5}{10 \times 10^3} \times 10^6 \ \mu A = 250 \ \mu A$$

改进后,50% 的电流从 R_6 上流过,即 $I_{R6} = 250/2 \ \mu A = 125 \ \mu A$。$R_6$ 的阻值由下式确定:

$$R_6 = \frac{U_{o2} - U_{REF}}{I_{R6}} = \frac{12 - 2.5}{125 \times 10^{-6}} \times 10^{-3} \ k\Omega = 76 \ k\Omega$$

式中 $U_{o2} = 12$ V,$U_{REF} = 2.50$ V,$I_{R6} = 125 \ \mu A$,因此还须按下式调整 R_4 的阻值。

$$R_4 = \frac{U_{o3} - U_{REF}}{I_{R4}} = \frac{5 - 2.5}{125 \times 10^{-6}} \times 10^{-3} \ k\Omega = 20 \ k\Omega$$

式中 $U_{o3} = 5$ V,$U_{REF} = 2.50$ V,$I_{R4} = 125 \ \mu A$。

考虑到接上 R_6 之后 5 V 输出的稳定度会略有下降,应稍微增大 R_4 的阻值以进行补偿,实取 $R_4 = 21$ kΩ。若 $K \neq 50\%$,可按下式计算 R_6 的阻值。

$$R_6 = \frac{U_{o2} - U_{REF}}{K \times 250 \times 10^{-6}}$$

5.3 单片集成开关电源电路应用

开关电源中应用的集成电路(IC)多属厚膜电路。厚膜电路主要包括开关电源的稳压电路、振荡电路、开关电路、保护电路等。

5.3.1 由 TOP223Y 构成的开关电源电路

由 TOP223Y 构成的开关电源电路如图 5.9 所示。该电路具有线路简单、性能稳定、效率高、功耗低、成本低廉等特点,被广泛应用于各种用途的开关电源电路中。

图 5.9 开关电源电路主要由 IC_{301} 集成电路、取样集成电路 V_{304}、开关变压器组成。

5.3.2 TOP223Y 集成电路简介

1)特点

TOP223Y 是美国 POWER 公司生产的一种新型 PWM 脉宽调制单片开关电源集成电路。该 IC 具有以下显著特点:

(1)将脉宽调制及控制系统的全部功能都集成到了该三端芯片内,真正实现了开关电源的单片集成化。由于采用 CMOS 电路,从而使器件功耗显著降低。利用电流线性调节脉冲波形的占空比。

(2)TOP223Y 只有 3 个引脚,可与三端稳压器相媲美,能以最简单方式构成无工频变压器的反激式开关电源。为了完成多种控制功能,其控制端①脚和漏极③脚均属多功能引出端,从而实现了一脚多用,具有基本反馈、光电耦合器反馈两种工作模式。由 TOP223Y 组成开关电源次级电路如图 5.10 所示。

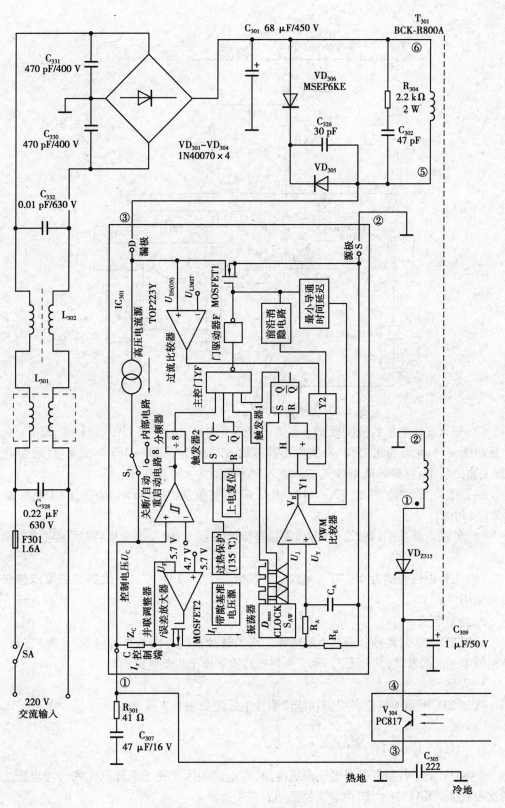

图 5.9　TOP223Y 构成开关电源电路

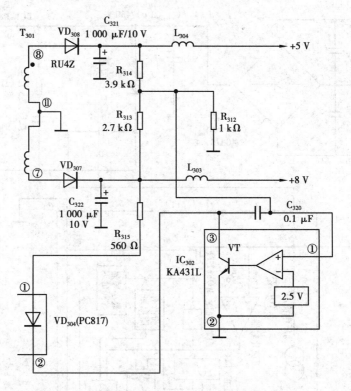

图 5.10　由 TOP223Y 组成开关电源次级电路

（3）输入交流电压的范围极宽。在固定电压范围输入时可选 110 V、115 V、230 V 交流电压的任一种,允许变化 15%;在宽电压范围输入时,可输入 85~265 V 交流电压,但 P_{omax}（最大输出功率）值要降低 40% 左右。输入频率范围为 47~440 Hz。

（4）开关频率范围为 90~110 kHz,其典型值为 100 kHz,占空比调节范围为 0.7%~70%。

（5）外围电路简单、高效。外部仅需接整流滤波器、高频开关变压器、反馈电路和输出电路。

（6）工作温度范围为 0~70 ℃,芯片最高结温 $T_{\text{gm}} = 135$ ℃。稳压器的温度漂移仅为 $\pm 50 \times 10^{-6}$。

2）封装形式

采用 TO-220 封装且自带有小散热片。小散热片在芯片内部与源极 S（②脚）连通,属典型的单列三端器件,其外形与 7800 系列三端固定稳压集成电路相同。

3）数据

TOP223Y 型集成电路各引脚功能说明及电压值如表 5.3 所示。

5.3.3　IC₃₀₂（KA431L）简介

KA431L 是一种精密参考电压集成电路,在电路中用于完成取样电路和参考电压之间的比较放大。KA431L 引脚功能及数据如表 5.4 所示。

表 5.3

引脚号	字母代号	功　　能	电压/V
1	CONTROL	通过控制电流 I_c 来调节脉冲波形点空比,该脚与 IC 内部并联调整器/误差放大器相连,还能提供正常工作所需的内部偏流;也可作为电源支路和自动重启动/补偿电容的连接点	6
2	SOURCE	该脚与芯片内的 MOSFET 的源极相连,兼做初级电路的公共地端	0
3	DRAIN	该脚与芯片内的 MOSFET 的漏极相连,同时也为启动电路、保护电路等提供工作电源	295

表 5.4

引　脚	1	2	3
功　能	取样信号输入端	接地端	控制端
工作电压/V	5	0	2.5

5.3.4　开关振荡稳压电路工作原理

图 5.9 是一种自激并联电源电路。该电源电路的工作原理如下:

1)电源输入及抗干扰电路

电源输入及抗干扰电路主要由 C_{328}、L_{301}、L_{302}、C_{332} 等组成。这几只元件组成了两级串联型共模滤波器,用以对非对称性和对称性干扰信号进行抑制。共模滤波器具有双重滤波作用,既可以滤除由交流电网进入机内的各种对称或非对称性干扰,又可防止机内开关隐压电源本身产生的脉冲高次谐波窜入市电电网而对其他电气设备造成干扰。其中:C_{328}、C_{332} 用于旁路差模干扰,L_{301}、L_{302} 用于衰减共模干扰。

2)整流滤波电路

整流滤波电路主要由整流二极管 $VD_{301} \sim VD_{304}$、C_{301} 等组成。经两级共模滤波器净化后的无干扰 220 V 交流电压,经 $VD_{301} \sim VD_{304}$、桥式整流、C_{301} 电容滤波,在 C_{301} 两端产生出 300 V(空载状态时的电压,该电压会随市电变化)左右的直流电压,提供给开关稳压电路。

3)开关振荡电路

开关电源振荡电路由脉宽调整集成电路 IC_{301}、脉冲变压器 T_{301}、V_{304}、IC_{302} 等元件组成。用于将 300 V 左右的直流电压变为高频脉冲电压,并进行稳压处理后,由脉冲变压器 T_{301} 次级提供给整流滤波输出电路。

当接通电源开关 SA 后。整流滤波后的约 300 V 直流电压,经开关变压器 T_{301} 的⑥~⑤绕组后加至 IC_{301} 的③脚(见图 5.9),由 IC_{301} 内电路完成电源的启动过程。从 IC_{301} 方框图可看出,该 IC 内部主要由 10 个部分构成。其中 Z_C 为控制端的动态阻抗,R_E 是误差电压检测电阻,R_A 与 C_A 构成截止频率为 7 kHz 的低通滤波器。各单元电路工作情况如下所述。

（1）控制电压源。控制电压 U_C 调整器和门驱动级提供偏置电压，而控制端电流 I_C 能调节占空比，IC_{301}①脚外接 R_{301} 和 C_{307} 后，即可为门驱动器供给电流。控制端的总电容（即 C_{307} 和分布电容）用 C_T 表示，由它决定自动重启动的定时，同时控制环路的补偿。U_C 有两种工作模式。

一种是滞后调节，用于启动和过载两种情况，具有延迟控制作用；另一种是并联调节，用于分离误差信号与控制电路的高压电流源。

当电路刚启动时，由 IC_{301}①、③脚之间的高压电流源提供控制端电流 I_C 以便给控制电路提供电源，同时也对 C_T 电容进行充电。启动波形如图 5.11 所示。图中 U_D 表示漏极电压。

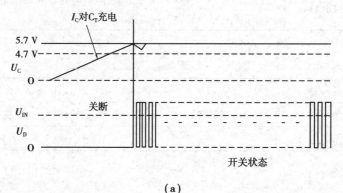

(a)

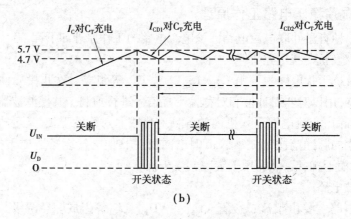

(b)

图 5.11　TOP223Y 启动电路波形

（a）正常启动；（b）自动重启动

从图 5.11（a）可以看出，当 U_C 首次达到 5.7 V 时，高压电流源被关断，脉宽调整电路和开关管 MOSFET1 就开始工作。此后 I_C 改由反馈电路提供。当 I_C 超过规定值时，就通过并联调整器进行分流，以确保 $U_C \leqslant 5.7$ V。

Z_C 与 IC_{301}①脚外接的 R_{301}、C_{307} 还共同决定了控制环路的补偿特性。自动重启动电路中的比较器具有滞后特性，它通过控制高压电流源的通断使 U_C 被限制在 4.7～5.7 V 范围内，如图 5.11（b）所示。I_{CD1} 和 I_{CD2} 分别为 MOSFET1 管在导通和关断时由控制端（IC_{301}①脚）所提供的充电电流值。

IC$_{301}$的正常工作波形如图5.12所示。这里将充电电流表示成负极性,放电电流则为正极性。U_o、I_o分别为滤除高频后的输出电压与输出电流。自动重启动电路中有一个8分频器(÷8),能防止MOSFET1管在C$_T$的8个充放电周期之前误导通。与此同时,该分频器还可将占空比减少到5%(典型值),使芯片功耗显著降低。自动重启动电路一直工作到U_C进入受控状态为止。

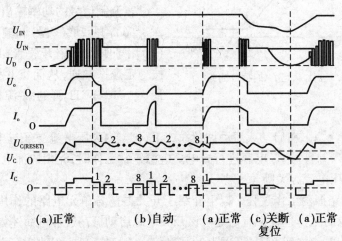

图5.12 IC$_{301}$的正常工作波形

(2)带隙基准电压源。带隙基准电压源除向内部提供各种基准电压之外,还产生一个具有温度补偿并可调整的电流源,以保护精确设定振荡器频率和门限驱动电流。

(3)振荡器。IC$_{301}$内部振荡电路是在设定的上、下阈值U_H、U_L之间通过电容周期性的线性充、放电,以产生脉冲调制器所需要的锯齿波(SAW)。与此同时,还产生最大占空比信号(D_{max})和时钟信号(Clock)。为了减小电磁干扰,提高电源效率,振荡频率(即开关频率)设定为100 kHz。IC$_{301}$脉冲波形的占空比设定为D,其最小值D_{min} = 0.7%,对应于空载;最大值D_{max} =70%,对应于满载。

(4)误差放大器。误差放大器的增益由控制端的动态阻抗Z_C来设定。Z_C的变化范围为10 ~ 20 Ω,其典型值为15 Ω。

误差放大器的同相输入端接5.7 V基准电压,作为参考电压。反相输入端接反馈电压U_F。输出端接的P沟道MOSFET2管等效于一只可调电阻,其电阻值用R$'_{DS}$表示。控制电压经Z_C、R$'_{DS}$、R$_E$分压后获得U_F。I_C直接取自反馈电路,同时也受外部误差放大器的光电耦合器反馈信号的控制。误差放大器将反馈电压U_F与5.7 V基准电压进行比较后,输出的误差电流I_r就在R$_E$上形成误差电压U_r加至PWM比较器同相输入端。

(5)脉宽调制器(PWM)。脉宽调制器是一个电压反馈式控制电路,它具有两个作用。

①改变控制端电流的大小(即调节脉冲占空比D),实现脉宽调制。D与I_C呈线性关系,其特性曲线如图5.13所示。显然,当I_C增大时,D减小。图5.13中的I_B为外部偏置电流,典型值为2 mA。I_{CD1}是C$_T$的放电电流,该电流为1.3 mA左右。最大占空比信号D_{max}直接加到主控门YF的一个输入端(见图5.9)。

②误差电压U_F经由R$_A$、C$_A$组成的截止频率为7 kHz的低通滤波器,滤掉开关噪声电压之后加至PWM比较器的同相输入端,再与锯齿波电压巧进行比较,产生脉宽调制信

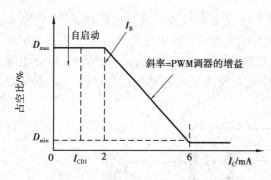

图 5.13　点空比 D 与 I_C 的特性曲线

号 U_B。

U_B 通过与门 Y1、或门 H 后，可将触发器 1 置 0，使 $Q=0$，把 N 沟道 MOSFET1 管关断；而时钟信号则又把触发器 1 置位，$Q=1$，又使 MOSFET1 等导通。二者交替动作，就实现了脉宽调制信号的功率输出。

（6）门驱动级（器）和输出级。门驱动级（F）用于驱动功率开关管（MOSFETI），使之按一定速率导通，从而将共模电磁干扰减至最小。MOSFET1 管的漏-源极间的击穿电压 $U_{(BO)DS} \geq 700$ V。

（7）高压电流源。在启动或滞后调节模式下，IC_{301} 内高压电流源经过电子开关 S_1 给内部电路提供偏置，并且对 C_T 电容进行充电。电源正常工作时，S_1 由内部电路控制改接到内部电源上，将高压电流源关断。

（8）开关电路振荡工作过程。以上介绍了开关振荡各单元电路的作用及原理，这对于理解该开关电源的工作过程很有好处。该开关电源启动振荡过程可简述如下：

当整流滤波电源加到 IC_{301} 的③脚和②脚后，由连接在③脚和①脚之间的内部高压开关电流源为①脚提供电流，并对控制极①脚外接电容 C_{307} 充电（经 R_{301}）。

当①脚电压首次上升到 5.7 V 时（这是 IC_{301} 控制端①脚电压的上限值，如图 5.11（b）波形图所示），高压开关电流源被关断，IC_{301} 内的振荡器脉宽调制器和开关管 MOSFET1 开始工作；同时 C_{307} 电容开始放电，当放电到下限值 4.7 V 时（见图 5.11（b）波形），开关管 MOSFETl 关断，控制电路进入低电流的等待状态，高电压开关电流源再次接通，并向 C_{307} 充电。如此周而复始就形成了振荡，振荡频率为 100 kHz。

4）开关稳压控制电路

（1）电路组成。开关稳压控制电路主要由以下 3 部分构成（见图 5.10）。

①由精密基准三端稳压器 IC_{302}（KA431L）和它的偏置电阻 R_{314}、R_{313}、R_{312} 组成的误差电压取样电路。

②由光电耦合器 V_{304}（PC817）组成的电压-电流变换电路。它将误差取样输出信号变换成电流后送到 IC_{301} 的控制极（①脚），以调整 IC_{301} 内部脉宽调制信号的占空比。

③由开关变压器 T_{301} 次级绕组① ~ ②固绕组（见图 5.9）、VD_{315}、C_{309} 组成光电耦合器 V_{304} 的偏置电路，① ~ ②绕组是 T_{301} 的控制绕组，脉冲电压经 VD_{315} 整流、C_{309} 电容滤波后给 V_{304} 提供偏置电压。

（2）工作原理。精密基准三端稳压器 IC_{302} 的①脚（即 R 端）电压设定在：

$$R_{312} \times \left[\frac{5}{R_{314} + R_{312}} + \frac{8}{R_{313} + R_{312}} \right] \approx 2.5$$

假设：当电源由于某种原因使输出电压升高时，通过取样电阻 R_{314}、R_{313}、R_{312} 分压后加到 IC_{302} ①脚上的电压也升高→流过其③脚与②脚间的电流增大→光电耦合器 V_{304} 内发光二极管亮度增大，其内光敏三极管电流增大→电容 C_{307} 充电电流增大，IC_{301} ③脚输出脉宽变窄，输出电压下降，从而达到了稳压的目的。

反之,当某种原因使开关电源输出电压降低时,控制过程正好与电压升高时相反,从而也使开关电源输出电压稳定。

必须注意的是:在正常工作时,IC_{301} 的占空比随其控制极电流 I_C 的增大而减小,从而使输出电压与功率也随之下降,即输出电压与控制极 I_C 的电流是成反比关系的。

5.3.5 保护电路原理

开关稳压电源中设置有过流保护、过热保护、调节失控保护、开关管尖峰电压冲击保护等电路。

1)过流保护

IC_{301} 内过流比较器的反相输入端接阈值电压 U_{LIMIT},同相输入端接开关管 MOSFET1 的漏极。这里巧妙地利用了 MOSFET1 管的导通电阻 $R_{DS(ON)}$ 来代替外部过流检测电阻 R_s。当 I_o(IC_{301} 的 D 端③脚)电流过大时,也就会使:

$$U_{DS(ON)} > U_{LIMIT}$$

过流比较器就会翻转,输出变成高电平,经过 Y2 和或门 H,将触发器 1 置 0。这一信号通过主控门 YF、门驱动器 F,进而使 MOSFET1 管关断,从而起到了过流保护作用。

此外,IC_{301} 内电路还具有初始输入电流限制功能。刚通电时可将整流后的直流电流限制在 0.6 A(对应于交流 265 V 输入电压)或 0.75 A(对应于交流 85 V 输入电压)左右。

2)过热保护

当 IC_{301} 的结温超过 135 ℃时,其内过热保护电路就会输出高电平,将触发器 2 置位,其 $Q = 1$、$\overline{Q} = 0$,这一信号加至主控门 YF、门驱动器 F 后,也关断输出级(MOSFET1)。此时,U_C 进入滞后调节模式,U_C 端($IC301$①脚)波形也变成幅度为 4.7~5.7 V 的锯齿波。若要重新启动电路,需断电后再接通电源开关;或者将控制端电压 U_C 降到 3.3 V 以下,达到 $U_{C(RESET)}$ 值(即复位电压值)时,再利用上电复位电路将触发器 2 置 0,使开关管 MOSFET1 恢复正常工作。

3)调节失控保护

调节失控保护电路被设置在 IC_{301} 集成块内,一旦稳压电路调节失控,IC_{301} 内的关断自动重启动电路立即使芯片在 5% 的占空比下工作,同时切断从外部流入①脚(C 端)的电流,U_C 再次进入滞后调节模式。当故障排除后 U_C 才会回到并联调节模式,自动重新启动电源恢复正常工作。自动重启动的频率为 1.2 Hz。

4)开关管尖峰电压冲击保护

在图 5.6 开关电源中,开关变压器 T_{301} 的⑥~⑤绕组一端接在整流滤波后的 300 V 左右直流电压输出端,另一端由 IC_{301} 内的 MOSFET1 开关管漏极所驱动,工作在 100 kHz 的开关状态。

当开关管 MOSFET1 由饱和进入截止瞬间,急剧变化的漏极电流会在 T_{301} 主绕组上激发一个⑤脚为正、⑥脚为负的反向电动势,这个浪涌尖峰脉冲直接加在 IC_{301} 内 MOSFET1 开关管的漏极,若开关电源未带重负载,则上述的峰值尖峰电压可达交流输入电压的数倍,且一直作用在 IC_{301} 内 MOSFET1 开关管的漏极,很可能将 MOSFET1 开关管的漏-源极击穿。

为了抑制上述的尖峰电压,在 T_{301} 初级回路上并联有 VD_{306}、C_{326}、VD_{305}、R_{304}、C_{302} 组成的钳位削峰电路,以使前沿尖峰电压限制到开关管漏极的击穿电压以下(700 V 左右)。

小　结

　　稳压电源设计要依据输出电压、最大输出电流来确定电路形式和元器件参数。线性稳压电源设计一般采用串联稳压电路形式,小功率采用集成电路设计比较方便。开关稳压电源设计多考虑采用集成控制电源电路,集成电路具有线路简单、性能稳定、效率高、外围元件少、电路简洁等优点。要注意降低辅电路的交叉负载调整率,设计好保护电路。单片集成电源电路在现代电源设计中采用较多,其电路功能全,外围电路简单。开关电源中应用的集成电路(IC)多属厚膜电路。TOP223Y 是一种新型 PWM 脉宽调制单片开关电源集成电路,主要包括开关电源的稳压电路、振荡电路、开关电路、保护电路等。

思考题与练习题

　　5.1　试说明为什么开关电源停止振荡后便无直流电压输出,用什么方法可以判断振荡器是否起振。

　　5.2　光电耦合器在开关电源电路中应用较广泛,在电路中怎样判断确认其工作是否正常?

　　5.3　精密参考电压集成电路 KA431L(同类产品还有 TL431、μA431 等)在开关电源电路中应用广泛,在电路中怎样用万用表判断其工作是否正常?

　　5.4　简述图 5.9 中由 TOP223Y 构成的开关电源电路的工作原理。

　　5.5　设计直流稳压电源

　　1)性能指标要求

　　(1)输出电压 U_o 及最大直流电流 I_{omax}

　　　　Ⅰ挡:$U_o = \pm 15$ V 对称输出,$I_{omax} = 1$ A

　　　　Ⅱ挡:$U_o = (+2 \sim +8)$ V 连续可调,$I_{omax} = 0.5$ A

　　(2)纹波电压 $\Delta U_{op\text{-}p} \leq 10$ mV

　　(3)稳压系数 $S_v \leq 5 \times 10^{-3}$

　　2)设计要求

　　(1)理论设计

　　根据课题设计技术指标设计原理电路;通过计算提出变压器制作所需参数、整流二极管参数、电容器容量及耐压值等参数。

　　(2)制印制电路板

　　原理电路先在面包板上调试通过后再开始制作印制电路,制作过程中所需焊盘及腐蚀液由实验室提供。

　　(3)安装与调试

　　可调式三端稳压器内装有过流、过热保护电路,但为了防止电源输出端短路损坏变压器或其他器件,应在变压器的副边接入保险丝 FU,其额定电流要略大于 I_{omax}。317 稳压器不加散热器时功率不足 2 W,加上适当大小的散热片后功率可达 20 W,如果功率要求高,可给集成稳压器装上散热片。安装时,先安装集成稳压电路,再装整流滤波电路,最后安装变压器,安装一级测试一级。

6

特种电源

本章要点

UPS 电源结构、工作原理、选配与使用

典型 UPS 电源电路分析

脉冲电源特点及用途

直流逆变电源的工作过程及应用

6.1　UPS 电源

UPS(Uninterruptible Power System)是不间断电源的英文名称的缩写,它伴随着计算机的诞生而出现,是近年来发展起来的一种新型不间断电源。由于在交流供电中,停电及电网干扰等现象时常发生,市电质量已无法满足高质量输入电源系统的要求了,UPS 能向负载继续提供符合要求的交流电,保证负载能连续地正常工作,因此越来越多的用户开始倾向于使用 UPS 电源。本节介绍 UPS 电源的电路结构、工作原理、使用及检修。

6.1.1　UPS 电源的结构特性、工作原理

1)UPS 电源的主要功能

UPS 电源不仅能保证连续供电,而且从 UPS 输出的电源也非常纯净,没有任何脉冲、杂波及其他干扰,是一种非常理想的高质量电源。使用 UPS 电源是迄今为止弥补电网缺陷的最佳办法。

随着计算机应用领域日益广泛,其对供电的质量也提出了更高的要求:一方面在系统运行期间,电源不能够中断,否则将会导致系统中 RAM 的数据丢失,严重时造成磁盘盘面和磁头损坏;另一方面,电网上的一个个干扰源必须排除,否则正在运行的计算机和系统将受到干扰和破坏。这些干扰源包括电压浪涌、电源尖峰、电压瞬变、电压跌落、持续过压或欠压等。因此,UPS 是现阶段微机系统必备的工作电源。它能够不间断地为微机系统提供稳定和纯净的交流输入电源。

2)UPS 电源的结构原理

UPS 不间断电源供电系统的基本结构是一套将交流市电变为直流电的整流/充电装置和一套把直流电再度转变为交流电的 PWM 逆变器。蓄电池在交流电正常供电时储存能量,此时它一直维持在一个正常的充电电压上。一旦市电供电中断,蓄电池立即对逆变器供电,以保证 UPS 电源交流输出电压供电的连续性。

UPS 电源电路主要由以下 6 个部分构成:

(1)交流输入滤波回路及整流回路。

(2)蓄电池及充电回路。

(3)PWM 脉冲宽度调制型的逆变器。

(4)各种保护(过流、过压、空载保护、电池过低、电池极性和交流极性检测)电路及相关指示灯和扬声器。

(5)交流市电供电与 UPS 逆变器供电之间的自动切换装置。

(6)控制回路。

典型的 UPS 电源系统的电路构成如图 6.1 所示。

3)UPS 电源的种类及结构特性

UPS 电源按其工作方式,可分为后备式和在线式两大类;若按其输出波形来分,则有正弦波输出和方波输出两种:

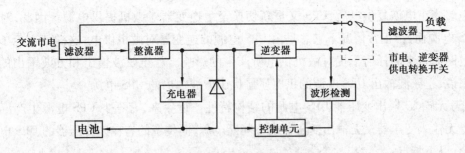

图 6.1　UPS 电源的结构框图

（1）后备式 UPS 电源。后备式 UPS 电源在市电正常供电时,市电通过交流旁路通道再经转换开关直接向负载提供电源,机内的逆变器处于停止工作状态,所以,这时的 UPS 电源实质上相当于一台稳压性能极差的市电稳压装置。它除了对市电电压的幅度波动有所改善外,市电电压的频率不稳、波形畸变,以及从电网串入的干扰等不良影响基本上没有任何改善。只有当市电供电中断或低于 170 V 时蓄电池才对 UPS 的逆变器供电,并向负载提供稳压、稳频的交流电源。后备式 UPS 电源的优点是运行效率高、噪声低、价格相对便宜,主要适用于市电波动不大,对供电质量要求不高的场合。

（2）在线式 UPS 电源。对在线式 UPS 电源来说,在市电正常供电时,它首先将市电交流电源变成直流电源,然后进行脉宽调制、滤波,再将直流电源重新变成交流电源,即它平时是由交流电→整流→逆变器方式向负载提供交流电源,一旦市电中断,立即改由蓄电池→逆变器方式对负载提供交流电源。因此,对在线式 UPS 电源而言,在正常情况下,无论有无市电,它总是由 UPS 电源的逆变器对负载供电,这样就避免了所有由电网波动及干扰而带来的影响。显而易见,同后备式 UPS 电源相比,在线式 UPS 电源的供电质量明显优于后备式 UPS 电源,因为它实现对负载的稳频、稳压供电,且在由市电供电转换到蓄电池供电时,其转换时间为零。

（3）方波式 UPS 电源。从输出波形来看,方波输出的 UPS 电源带负载能力差（负载量仅为额定负载的 40% ~ 60%）,不能带电感性负载。如所带的负载过大,方波输出电压中包含的三次谐成份将使流入负载中的容性电流增大,严重时会损坏负载的电源滤波电容。

（4）正弦波式 UPS 电源。正弦波输出的 UPS 电源的输出电压波形畸变度与负载量之间的关系没有方波输出 UPS 电源那样明显,因此,它的负载能力较强,并能带微电感性负载。但是,不管哪种类型的 UPS 电源,当它们处于逆变器供电状态时,除非迫不得已,一般不要满载或超载运行,否则,UPS 电源故障率明显增多。

常见的小型后备式方波输出 UPS 电源有:SENTECK,SANTAK,SENDEN 牌 UPS-500 型;小型后备式正弦波输出 UPS 电源有:PULSE 牌 UPS-500 型、UPS-1000 型、UPS-2000 型;小型在线式正弦波输出 UPS 电源有:TOSHIBA 牌 UPS-1100 型。其中后备式 UPS 电源在市电正常供电时,由市电直接向微机提供电源,当市电供电中断时,蓄电池才对逆变器供电并由 UPS 的逆变器对微机提供交流电源,即 UPS 电源的逆变器总是处于对微机提供后备供电状态;而对在线式的 UPS 电源来说,它平时是由交流电→整流→逆变器方式对微机提供电源。当蓄电池放电至终了电压时,由控制电路发出信号去控制自动切换开关,转换成市电供电。当市电恢复供电后,UPS 又重新切换至由逆变器对微机提供电源。因此,对在线式 UPS 电源而言,正常情况下它总是由 UPS 电源的逆变器对微机供电,这样就避免了所有由市电网而带来的任何干扰对微机供电所产生的影响。就正弦波输出和方波输出的 UPS 电源来说,正弦波输出 UPS 电源的供电质量优于方波输出的 UPS 电源。

(5)无输入/输出变压器 UPS 电源的结构特性。近年来,有不少 UPS 电源生产厂家推出了既无输入变压器又无输出变压器的不间断电源,同传统的有输入变压器的 UPS 电源相比,它有以下特点:

去掉笨重的输入变压器,直接将 220 V 市电经可调压的整流滤波回路变成约 220 V 的直流高压代替逆变器使用,从而省去输入变压器。此外,从它的逆变器输出的脉宽调制驱动脉冲被直接送到由电阻、电容组成的升压滤波器后就变成了适合用户需要的正弦波电源,这样一来,又省去了另一个输出变压器。

将 UPS 电源的脉宽调制的工作频率从过去传统的 20 kHz 提高到 40 ~ 100 kHz,从而使(直流-直流)变换器中的高频变压器和逆变器的 50 kHz 低通滤波器的体积大大下降。

基于以上两点,无输入变压器的 UPS 电源的体积和质量与具有相同输出功率的传统 UPS 电源相比都大大下降了。显然,这对于军事和野外用户来说,是相当有利的。然而,有利必有弊,由于取消了输入变压器,UPS 电源中的晶体管器件直接经受高压及浪涌电压的冲击,而半导体器件承受短路输出的能力较差,一旦发生市电过压输入。极易造成 DC/DC 直流变换器模块损坏。此外,如果用户不注意,易将它的交流输入极性接错,引发的故障率也会大大增加。因此,如果对 UPS 电源无明显体积和质量限制的话,还是选用具有输入变压器的 UPS 较为妥当。

4)UPS 电源的工作原理

从上述 UPS 电源的结构特性的介绍中可知,UPS 电源实际上是一套将交流市电变为直流电的整流器和充电器,以及将直流电再变为交流电的逆变器,蓄电池在交流电正常供电时储存能量并维持在一个正常的充电电压上,一旦市电供电中断,蓄电池立即对逆变器供电,以保证 UPS 电源交流输出电压。在 UPS 电源工作时,逆变器将市电整流滤波后得到的直流电或来自电池的直流电重新变换成频率非常稳定、输出电压受负载影响很小、波形畸变因素满足负载要求的交流电。为了达到这种目的,普遍采用的是脉冲宽度调制技术即PWM 技术。这种方法的原理就是采用宽度不同的一组脉冲来等效市电的正弦波电压。通常生产方波输出的 UPS 电源采用的是单脉冲调制法,而产生正弦波输出的 UPS 电源采用的是三角波调制法。具体供电过程如下(以在线式为例):

(1)交流市电在 UPS 电源所充电的范围内正常供电时,UPS 电源向系统供电的工作过程如图 6.2(a)所示。

(2)当交流市电中断时,UPS 电源将瞬间改由逆变器供电,具体工作过程如图 6.2(b)所示。

(3)当负载过大或 UPS 电源内的逆变器有故障时,UPS 电源系统则由主电源供电,具体如图 6.2(c)所示。

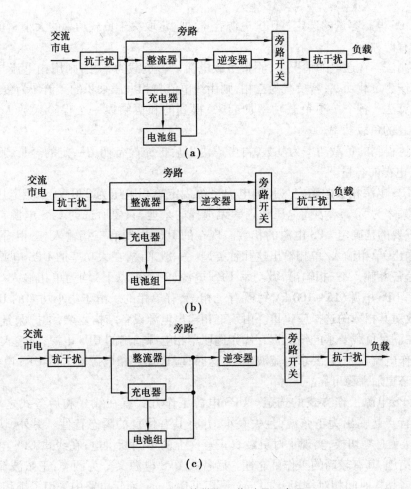

图 6.2　UPS 电源的供电工作过程示意图

6.1.2　UPS 电源的选配与使用

1) UPS 电源技术参数要求

UPS 电源作为保证电源,已不仅仅是简单意义上的不间断电源了,它的输入电压范围宽,170~250 V 的交流输入均可,而且由它输出的电源质量也是非常高的:

(1)输出稳定度:后备式为 +5%~8%,在线式不超过 ±3%。

(2)输出电压波形失真度:后备式正弦输出 <5%,在线式 <3%。

(3)输出频率稳定度高:后备式正弦波输出为 ±1 Hz,在线式为 ±0.5 Hz。

(4)瞬态特性:当负载从 0%~100% 或从 100%~0% 变化时,输出电压变化范围为 4%,响应时间约 10~40 ms(在线式 UPS 电源)。

(5)一般能保证 150% 负载过载 1 min,120% 负载过载 8~10 min。

(6)若为三相输出,输出电压负序分量与正序分量之比一般不超过 5%。

以上为 UPS 电源的通用技术条件,其指标完全可以满足用户对输入电源质量的要求。

2) UPS 电源的选择

在系统中选择配置 UPS 电源时,应从以下几个方面进行综合考虑。

（1）UPS 电源容量的选定。UPS 电源容量的选定取决于负载功率的大小。负载功率选定的方法有两种。

①实测法。在通电的情况下，测量负载电流。若负载为单相，则用相电流与相电压乘积的 2 倍作为负载功率；若负载为三相，则用线电流与相电压乘积的 3 倍作为负载功率。

②估算法。各个单项负载功率加起来，得到的和再乘以一个保险系数 $K(K$ 一般取 1.3）作为总的负载功率。

用上述得到的负载功率为基数，再考虑为以后扩充设备而留一定的容量，就可确定出所需 UPS 电源的容量。

（2）UPS 电源相数的确定。我国电力系统规定单相电压为 220 V，三相电压为380 V，交流电的频率为 50 Hz，因此电压和频率无选择的余地，只要所选的 UPS 电源符合这些标准就行，重要的是确定 UPS 电源的相数。现在的 UPS 电源有三相输入/三相输出、三相输入/单相输出、单相输入/单相输出这几种类型。一般来说，在大功率的 UPS 电源（100 kVA 以上）都是三相输入/三相输出，微功率 UPS 电源（2 kVA 以下）均为单相输入/单相输出，中、小功率 UPS 电源（15～100 kVA）既有三相，又有单相的。由于中小功率的 UPS 电源特别广泛，故对其相数的选择应慎重。由于三相输出电源设备结构复杂，维护保养困难，且价格较高，在满足负载要求的情况下宜优先选取单相电源输出的 UPS 电源；对输入来说，有些负载的工作电流较大，且要求电流波动小，这时，应选择三相电源输入的 UPS 电源，使系统的工作状态更加平稳可靠。

（3）UPS 电源工作方式的选定。UPS 电源工作方式有在线式和后备式之分：在线式 UPS 电源特点是输出为正弦波，且失真小，并且其有优良的瞬态特性。另外，切换时间为 μs 级，可认为是零切换，实现了对负载真正意义上的不间断供电；在线式 UPS 电源采用了很多保护措施，其有较高的工作可靠性。后备式 UPS 电源又分为两类：正弦波输出和方波输出。前者切换时间相对较短，约 4 ms，最短可达 2 ms，而且电路中采用了锁相环技术，较好地实现了切换过程中的同频同相问题；后者切换时间相对较长，一般在 5 ms 以上，由于未采用锁相技术，在最坏的情况下，切换时间长达 9 ms 以上，并且在切换供电的瞬间有冲击产生。对一般微型计算机而言，后备式方波输出的 UPS 电源在切换过程中虽有瞬间冲击，但微型计算机电源都能承受，因此，一般微型计算机系统若无严格要求，可选择此类 UPS 电源；若切换时间太长，不能满足系统要求，可考虑选择后备式正弦波输出的 UPS 电源；对于网络微型计算机，实时性业务，最好选择在线式 UPS 电源。

（4）UPS 电源保护时间的选定。UPS 电源的保护时间即蓄电池的持续供电时间。在选定 UPS 电源的持续供电时间时，应考虑下述几方面：当地市电停电次数的多少、每次停电时间长短、自己有无其他供电设备等。若一般能保证正常供电，只是偶有瞬时停电，这时可选择普通型 UPS 电源，其持续供电时间足以满足使用要求；若停电时间稍长，选用的普通型 UPS 电源其最短持续供电时间应足以保证做完停机前的所有操作，对要求长时间不能断电的用户，若无其他供电设备，可选长效型 UPS 电源，供电时间可达 8 h 以上。

3）UPS 电源的正确使用

（1）使用注意事项。尽管 UPS 电源的品种不少，工作原理、具体电路设计都不尽相同，但对于一些常用的 UPS 电源使用规则仍存在一些共同点。为了确保 UPS 电源使用寿命，在使用 UPS 电源时应注意以下问题：

①使用 UPS 电源时,应严格遵守厂家的产品说明书的有关规定,保证 UPS 电源所接市电的火线、零线顺序符合要求。后备式 UPS 不间断电源的市电输入端的零线就是 UPS 电源控制电路的地线,所以用户在使用这种 UPS 电源时,务必按产品说明书规定接线。美国 PULSE 牌 UPS 电源的交流输入接线方式与我国的交流电输入插座的连接方式正好相反。这时就需要在 UPS 电源的外面用外加接线板的办法来转换市电输入和 UPS 电源交流输入的极性。

②不要超过负载使用 UPS 电源。UPS 电源的最大负载量应该是其标称负载量的 80%(1 000 W 的 UPS 按 80% 换算成 800 W 之后再按 80% 负载率即 640 W 去匹配负载)。如超载使用,在逆变状态下,常造成逆变三极管的击穿。此外,对于绝大多数 UPS 电源来说,当它们处于逆变器供电状态时,一般要求它的负载特性为纯电阻或电容性的,严禁接诸如日光灯之类的感受性负载。因此,对于那些对交流输入波形有要求的用户来说,应该注意这一点。

③配备 UPS 电源的主要目的是防止由于突然停电而导致计算机丢失信息和破坏硬盘,但有些设备工作时是不害怕突然停电的(如打印机等)。为了节省 UPS 电源的能源,打印机可以考虑不必经过 UPS 电源而直接接入市电。如果是网络系统,可考虑 UPS 电源只供电给主机(或者服务器)及有关部分。这样可保证 UPS 电源既能够用到最重要的设备上,又能节省投资。

④对于方波输出的后备式 UPS 电源来说,其市电供电-逆变器供电转换时间是 4 ~ 9 ms 的变量。这种 UPS 电源不能在 100% 时间内保证对负载的可靠供电,对于这种电源来说,若偶然出现一次使计算机工作程序中断和破坏,并非意味着出故障。因此,方波输出的 UPS 电源不宜用于计算机网络的供电系统中。

⑤在长延时 UPS 电源中若选用方波输出 UPS 电源会带来计算机硬件故障率增大。原则上讲,在长延时 UPS 电源系统中应选用正弦波输出的 UPS 电源作主机电源。

⑥不得将 UPS 电源插头接至任何与 UPS 电源后部面板所示的电压和频率不同的电源输出线上,否则容易损坏 UPS 电源。

⑦使用三相输出的 UPS 电源要求三相的负载平衡,否则将降低供电质量。另外,中性线(三相四线制)不宜作为交流保护地线。因为中性线有时会出现负载电流,这时中性线就成了对电源的干扰源。应专门从中性点引一根线作为交流保护地线,即采用三线五线制供电。

⑧当 UPS 电源通过静态旁路开关转由备用电路供电时,若切换的瞬间同步不严格,将导致"反灌噪声",即市电通过旁路开关进入逆变器。这时极易造成大功率管损坏,严重时会使逆变器爆炸。为避免这种现象发生,建议逆变器输出的电压稍调高一些,一般高出 5 ~ 8 V 即可。

⑨应尽量避免频繁地启动和关闭 UPS 电源,至少要间隔 6 s 以上,否则对逆变器的末级功放管危害较大,有时还会出现 UPS 电源启动不成功的现象,即 UPS 电源处于既无市电又无逆变器输出的不正常状态。

(2)蓄电池的正确使用与维护。UPS 电源中的蓄电池是储存电能的装置,一般是免维护的密封式铅酸电池。正确使用蓄电池是延长其使用寿命的关键。

①一般蓄电池每次放电后,应利用 UPS 电源内部的充电电路对其进行浮充电,起码要

浮充 10 h 以上,才能使蓄电池全部处于饱和充电状态。当蓄电池放电终了电压低于规定值时(12 V 蓄电池终了电压为 10.5 V,24 V 蓄电池为 21 V),当先进行均衡充电,即把每个电池单元并联起来,用统一的充电电压进行充电。然后才进行浮充电。后备式 UPS 电源,建议每隔一个月让 UPS 电源处于逆变状态下工作 2~3 min,以激活蓄电池,可延长其使用寿命。

②由于所有的 UPS 电源的蓄电池的实际可供使用的容量与蓄电池的放电电流大小、蓄电池工作环境温度、储存时间的长短及负载特性密切相关。不正确地使用 UPS 电源往往会造成蓄电池的实际可供使用容量仅为蓄电池的额定标称容量的很小一部分,因此用户在使用蓄电池时要注意以下几点:

蓄电池的过度放电和长时间的开路闲置不用,都会使得蓄电池的内部产生大量的硫酸铅,并被吸附在蓄电池的阴极上,形成所谓的阴极"硫酸盐化"。其结果是造成电池内阻增大,蓄电池的可充放电性能变差。

当 UPS 电源长期不用时,应每隔一段时间开机一次,充电完毕后再放电 2~3 min 以激活电池,延长电池使用寿命。

一次全负荷放电完毕,按规定要充电 10 h 以上,以确保下一次 UPS 电源逆变供电时可靠工作。对于目前大多数 UPS 电源来说,当它的蓄电池每次放电完毕后,可利用 UPS 电源内部的电池充电回路对蓄电池进行充电。为保证蓄电池被重新置于饱和充电状态,一般需要的充电时间为 10~12 h。充电时间不够,会使蓄电池处于充电不充分状态。这时蓄电池的实际可供使用的容量远远低于蓄电池的标称容量。

③当 UPS 电源的蓄电池在使用中出现下述情况之一时,要想复活蓄电池的可充放电特性,当采用均衡充电的办法来解决。需要对蓄电池进行均衡充电的情况有:

UPS 电源蓄电池组中,各电池单元之间的端电压差别超过 1 V 左右。

长期闲置不用的电池(包括新购买的蓄电池)。

重新更换电解液的蓄电池。

为确保蓄电池具有良好的充放电特性,对于长期闲置不用的 UPS 电源(停机 10 d 以上),在重新开机之前,最好先不要加负载,让 UPS 电源利用机内的充电回路对蓄电池浮充 10~12 h 以后再用。

(3)如何判断后备式 UPS 电源交流输出的极性。目前,大多数后备式 UPS 电源都设有交流极性自动保护功能。为防止 UPS 电源的交流输入极性接错而影响负载的运行安全,必须进行正确的连线,以确保 UPS 电源无论是工作在市电供电状态,还是工作在逆变器供电状态,它的交流输出火线永远保持在输出插座的同一位置处(左零右火)。如果不慎将 UPS 电源的交流极性接反的话,就会出现 UPS 电源在执行市电供电与逆变器供电转换前后输出插座中同一插孔的电平在火线与零线之间变化。造成这种现象的原因是:UPS 电源处逆变器工作状态时的输出极性是固定不变的,而处市电供电状态时,由于后备式 UPS 电源的交流稳压电路采用变压器抽头调压工作方式,因此它的交流输入极性会因为用户在插插头时的随意性而任意改变。

目前有相当多的用户供电系统采用只有火线、零线的两个插孔的插座,这时怎样才能保证 UPS 电源的交流输入极性正确连接呢?判断方法很简单,即只需要将试电笔插入任一插孔中,并启动 UPS 电源 1~2 min 后,通过反复接通和关断 UPS 电源的 220 V 市电输入的办法来观察试电笔中氖灯发光状态是否在变化。当市电输入极性连接正确时,试电笔中的氖灯应处于常灭或常亮状态。否则说明交流输入极性被接反了,这时,只需将交流输入插头换一个方向插入即可。

(4)UPS 电源的各种连接方式。鉴于 UPS 电源在整个系统中的重要作用,UPS 电源自身的可靠性就变得十分重要了。虽然 UPS 电源的平均无故障时间(MTBF)指标越来越高,但由于元器件使用寿命的限制,以及不正确的使用等,仍有可能使 UPS 电源发生故障。为提高整个系统工作的可靠性,对 UPS 电源的正确配置与连接形式应做一定的考虑。

①旁路式。UPS 电源的旁路式连接,主要是采用单台 UPS 电源供给全部负载的连接方法。具体形式如图 6.3(a)所示。这种连接方式时,UPS 电源与市电并联供电,采用锁相技术,使两者同步。当 UPS 电源损坏时可通过联结开关转为市电供电。这是单一的 UPS 电源配置方案,可靠性相对差一些。整个 UPS 电源系统出现故障后,市电将 UPS 电源脱开,直接接通负载,且不影响 UPS 电源系统的维修。

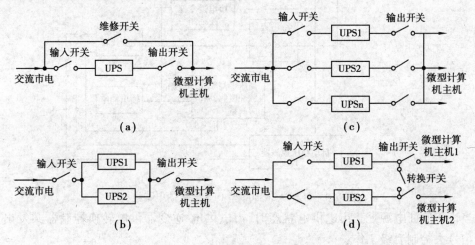

图 6.3　UPS 电源正确连接示意图

②并联冗余式。UPS 电源的并联冗余式连接,主要是适应总负载功率需要 2 台或更多台 UPS 电源供给的系统的连接方法,具体如图 6.3(b)所示。这种连接方式亦称作并联无备份方式。2 台 UPS 电源并机运行,各承担 50% 的负载,一台损坏时另一台自动转为满载工作。此种配置既提高了系统的可靠性,又方便了系统的扩容。

③分隔盈余式。UPS 电源的分隔盈余式连接,主要是适应于 2 台或 2 台以上的 UPS 电源其总容量比负载总容量要大的情况下的连接方式,具体如图 6.3(c)所示,这种连接方式亦称作并联有备份方式。这种连接方式,要求系统比负载总容量多出 1 台 UPS 电源的容量,任何 1 台 UPS 电源出故障时,其余仍能供给全部负载。1 台 UPS 电源作为热备份,只在主 UPS 电源损坏时才工作。与并联冗余式相比,可节省并联装置。

④带连开关式。UPS 电源的带连开关式连接如图 6.3(d)所示。2 台 UPS 电源独立工作,一台损坏时,另一台则承担全部负载。要求 UPS 电源的容量储备较大。

6.1.3　典型 UPS 电源电路分析

1)SENTACK-500 VA 后备式方波输出 UPS 电源

SENTACK-500 型后备式方波输出 UPS 电源的电路结构如图 6.4 所示。它主要由控制板、抗干扰自动稳压控制板及操作指示面板 3 个部分组成。操作控制面板上有电源及电池组开关、市电供电指示灯(绿灯)、逆变器工作指示灯(红灯)和电池充电指示灯等。在该电源内部共有 +12，+5 V，+27 V 3 种直流辅助电源。电池组的供电电压为 24 V。

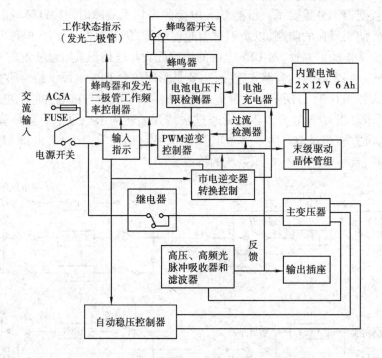

图 6.4　SENTACK-500 型 UPS 电源的电路结构

当该不间断电源处于市电供电状态时，市电供电-逆变器供电转换控制器共发出 3 个控制信号去控制后级工作：

①送到由 SG3524 组件组成的脉宽调制功能块，使其输出为零，逆变器停止工作。

②送到蓄电池充电器控制电路去调整充电回路的输出电压大小，正常情况下，它使蓄电池处于 +27 V 的浮充电状态。

③送到市电供电-逆变器供电转换控制继电器，使交流市电直接经由高压高频尖脉冲吸收回路到自动稳压调整环节输出一个无干扰的或干扰被大大衰减的 50 Hz 正弦波电源。

当市电供电中断或外界市电电压低于 170 V 时，市电供电-逆变器供电转换控制器将发出如下 4 个控制信号去控制后级工作：

①启动 SG3524 脉宽调制组件工作，此时脉宽调制组件将输出一组其脉冲宽度可调的方波去驱动末级晶体管推挽放大电路，并使逆变器输出方波。此时，SG3524 的工作状态将同时受到来处 UPS 电源输出端的反馈控制量、过流检测电路和电池电压过低检测电路的控制信号的控制。

②送到蓄电池充电控制电路，使该充电回路的电压输出降低到低于蓄电池组的端电压。因此，充电回路停止对电池组的浮动充电。

③送到低频振荡器组件。这个振荡器的振荡频率与蓄电池组的端电压密切相关。电池的电压越低，振荡频率越高。当电池电压低于最低允许值时，振荡器停止振荡。组件输出控制信号将同时控制逆变器工作指示灯及报警蜂鸣器的工作。

④送到市电供电-逆变器供电转换控制继电器开关,把逆变器输出方波电压馈送给负载。

当 UPS 不间断电源处于逆变器工作状态时,若遇到负载过流或短路、电池电压过低等任一种故障时,PWM 脉宽调制逆变器将停止工作。这时,UPS 电源将处于既无市电又无方波电压输出的自动保护断电状态。

2)PULSE-1000R 型后备式正弦波输出 UPS 电源工作原理

PULSE-1000R 型 UPS 不间断电源由主控制板、抗干扰自动稳压控制板、末级推挽驱动板及操作面板组成。其电路结构框图如 6.5 图所示。

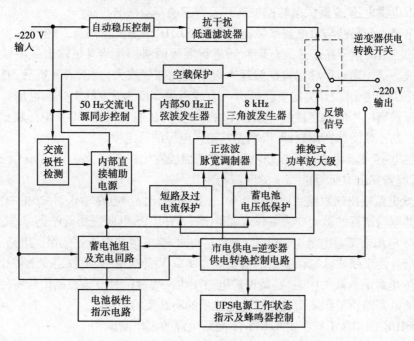

图 6.5   PULSE-1000R 型 UPS 电源的电路结构框图

该 UPS 电源的机内还设有两个容量为 12 V/24 A·h 的封闭式铅酸蓄电池组。操作控制面板上有市电供电指示灯、逆变器工作指示灯、交流 AC 极性指示灯和电池极性指示灯及蜂鸣器等。该 UPS 电源内部直流电源种类有:+12,+6,24,+27 V 4 种,电池组标准供电电压为 24 V。

(1)市电供电正常时,来自市电电网的不稳压的 50 Hz 交流市电分 5 路进入 UPS 电源控制电路:

①通过 50 Hz 交流电源同步控制电路去触发和同步 UPS 电源内部的 50 Hz 正弦波振荡回路,使机内 50 Hz 正弦波总是处于与外接市电频率同步的准备状态。

②通过市电供电-逆变器供电转换控制电路发出两路控制信号。一路使得市电供电-逆变器供电转换控制开关处于市电控制状态,并使控制面板上的市电供电指示灯绿灯亮;另一路控制信号被送到正弦波脉宽调制器,使其输出变成 +12 V 高电平,逆变器停止工作。

③通过蓄电池充电电路对蓄电池进行充电,并通过蓄电池向后级控制电路提供 UPS 电源所需的内部直线辅助电源 +6,+12,+24 V。

④通过交流 AC 极性控制电路去控制 UPS 电源内部直流辅助电源 +6,+12,+24 V 的

工作状态。当 UPS 电源的交流输入端,其火线与零线连接顺序被接反时,该控制电路将产生一个控制信号使得 UPS 机内所有直流辅助电源的输出变为零,从而达到迫使 UPS 电源立刻停止工作的目的。

⑤不稳定的 220 V 市电经交流自动稳压控制电路,抗干扰低通滤波回路后,通过市电供电-逆变器供电转换开关向负载提供一个抗干扰的高稳定的 220 V 正弦波电流。

(2)当市电供电中断或电网电压低于 170 V 时,UPS 不间断电源将自动从市电供电状态转入由逆变器供电状态,其控制工作原理为:

当市电供电中断时,市电供电-逆变器供电转换控制电路将发出一个控制信号。该控制信号使市电供电-逆变器供电转换控制开关置于逆变器供电状态。

UPS 电源内部早已与市电频率保持同步的 50 Hz 正弦波与来自三角波发生器的频率为 8 kHz 的三角波信号在正弦波宽调制器进行混频调制。其结果是输出一串脉宽可控的矩形调制波。这一串矩形脉宽调制波经末级推挽晶体管放大,变压器升压后,通过市电供电-逆变器供电转换形式开关向负载提供一个波形失真度为 5% 的正弦波电压。为了保持逆变器交流输出电压的稳定性(一般为 210~230 V),从逆变器的 220 V 电压输出端反馈一个信号去控制正弦波脉宽调制器,以确保其输出电压的稳定度。

市电供电-逆变器供电转换控制电路向控制面板发生控制信号使得"逆变器工作"指示灯闪烁,蜂鸣器发出周期为 4~5 s 的间隙叫声。

当 UPS 电源输出端短路或输出过流时,短路及过流保护电路动作,并产生一控制信号,使正弦波脉宽调制器的输出变为 +12 V 高电平,迫使 UPS 电源逆变器停止工作。

当 UPS 电源内部蓄电池电压低于 21 V 左右时,蓄电池端电压过低保护电路工作,并产生一控制信号使正弦波脉宽调制器的输出成为 +12 V 的高电平,迫使逆变器停止工作。

当 UPS 电源的负载关闭时,空载保护电路产生一控制信号。该控制信号将使机内的所有直流辅助电源停止工作从而避免蓄电池能量的不必要的消耗。

3)TOSHIBA U-1000 型在线式 UPS 不间断电源的工作原理

TOSHIBA U-1000 型 UPS 不间断电源由逆变器控制电路、电池充电电路板、逆变器驱动板、UPS 电源工作状态控制板、8 个 12 V/6 A 密封式铅酸蓄电池组等组成。机内部控制板上所使用的辅助电源有: +15, +5, +6.5, +12 V 等。具体电路结构框图如图 6.6 所示。

当市电供电正常时,220 V 市电经输入电源变压器降压、整流滤波后变成 110 V 的直流电源。该 110 V 直流经蓄电池充电回路向蓄电池充电,蓄电池组的正常工作电压为 96~110 V,机内的所有直流辅助电源都是由蓄电池组向机内的开关型直流稳压电源提供电能而产生的。U-1000 型 UPS 电源逆变器控制电路的核心是 D8749 微处理器控制芯片。该芯片由 11 MHz 的石英振荡器产生标准的本机基准振荡频率的信号源。处理器的操作程序被存储在 D8749 芯片的 2KB 的 EPROM 中,在 UPS 不间断电源正常工作时,D8749 微处理器芯片将向控制级发出四路控制信号:

D8749 按预先存储的只读存储器中的程序通过 8 位双向数据总线向 PM1PM7528 双数模转换控制组件馈送数字信号。该数字信号经数模转换控制组件被转换成 6 路模拟信号,其中两路为 +6 V 基准电压信号,两路为 0 V 控制信号,另外两路则是向正弦波脉宽调制电路馈送的相位 180° 的 50 Hz 正弦波本机振荡信号。

D8749 微处理器向三角波发生器馈送一个频率为 10 kHz 的方波信号,用以激励产生

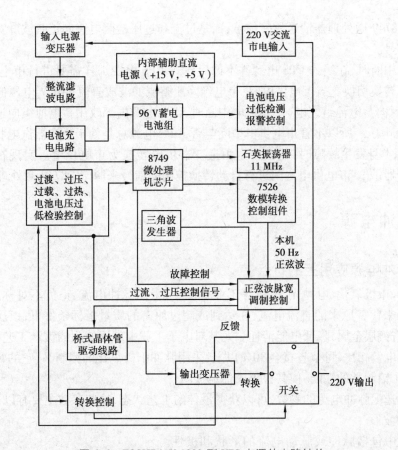

图 6.6　TOSHBA U-1000 型 UPS 电源的电路结构

三角波比较信号。D8749 微处理器向正弦波脉宽调制电路馈送一个故障控制信号,当 UPS 电源有故障时,使正弦波脉宽调制器的输出电压波形变成 50 Hz 的方波。

　　D8749 微处理器向转换控制电路馈送一个转换控制信号。该控制信号的功能为:当 UPS 不间断电源刚接通时,等到 UPS 电源逆变器工作稳定后,再改用 UPS 电源的逆变器向负载供电;当 UPS 电源逆变器工作有故障时,它迫使 UPS 电源自动换回交流旁路支路,由市电向负载供电。

　　来自 UPS 电源内部的本机振荡的 50 Hz 正弦波电压信号,从逆变器输出端反馈回来的 50 Hz 正弦电压,过流和过压检测信号等 4 种控制信号首先被同时送到正弦波脉宽调制级中的电压加法器上进行代数和的相加和放大,然后再从电压加法器的输出端输出两路相位相差 180°的正弦波电压。这两路相位相差 180°的正弦波电压再与三角波电压一起被送到电压比较器进行脉宽调制。这样产生的正弦波脉宽调制波经桥式晶体管驱动电路及输出变压器后,即可向负载提供频率高度稳定的 50 Hz 正弦波电压。UPS 电源输出电压的稳压控制功能是通过由输出变压器反馈回来的电压的控制信号对正弦波脉宽调制电路的负反馈控制作用来实现的。

　　该 UPS 电源的控制电路的重要组成部分之一是,它有过电压、过电流、过负载、末级驱动晶体管及整流块散热片温度的过热以及电池电压过低的检测和自动保护电路。这种 UPS 电源实现自动保护的途径有两个:一是过压、流、过负载、过热、电池电压过低检测电路直接向 D8749 微处理器馈送故障信号;二是过流和过压检测电路向正弦波脉宽调制电路馈送故障信号。

当市电中断时,在线式 UPS 电源并不像后备式 UPS 电源那样需要进行市电供电-逆变器供电之间转换切换。当市电供电时,市电经降压整流滤波成直流 110 V 电压向逆变器供电(与此同时向蓄电池组充电)。当市电中断时,UPS 电源内部改用蓄电池组向逆变器提供96 V 的直流电压。所以不管市电供电中断与否,UPS 电源总是处于逆变器供电状态。只有当 UPS 电源本身发生故障时,才会产生由逆变器供电转换为市电供电。实现在线式 UPS 电源在逆变器供电-市电供电之间进行自动转换控制的信号来源于 D8749 微处理器。

6.2 脉冲电源

6.2.1 脉冲电源应用上的特点

在电镀、阳极氧化、电抛光、电铸等工业生产中,采用脉冲电流、正负不对称脉冲电流、脉动电流等来代替原来的直流电流,在达到或超过原有的质量指标条件下,镀层的厚度可以减小,节省镀层金属,降低电能消耗。尤其对电子工业中广泛使用的镀金工艺,采用脉冲镀金和直流电镀相比,可节省黄金30%以上;采用脉冲阳极氧化的铝制品,它的氧化层硬度很高,增强了铝制品的性能,使其售价成倍地提高。

适当地选配脉冲电源的参数,可以获得最佳的工艺状态,这些参数主要有以下四个:

1)脉冲波形

这一项中包括脉冲或脉动电流的形状和极性。脉冲电流有矩形波、三角波、锯齿波,脉动电流中有正弦波;极性分正极性脉冲电流、正负极性脉冲电流(见图6.7)。在各种波形中,试验表明,多数情况下采用矩形波较合适。

2)脉冲频率

脉动电流频率为 50 Hz,脉冲电流频率一般在100 ~ 10 kHz 范围内选择。

3)占空比

脉冲持续时间一般选择几微秒 ~ 几毫秒。

4)电流密度

被加工工件单位面积上的脉冲电流也要选得适当。

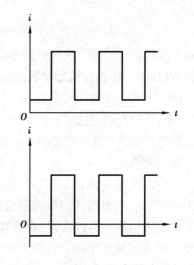

图 6.7　正极性和正、负极性脉冲电流

6.2.2 典型脉冲电源

脉冲电源中应用较广的是矩形波脉冲电源,其原理如图6.8所示。

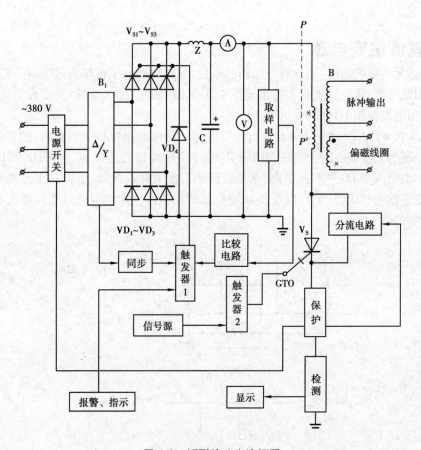

图 6.8　矩形脉冲电流框图

市电的三相电源经电源开关接到整流变压器,由变压器进行变压、变流,输出所需要的电压、电流值。变压器的副边输出以三相桥晶闸管半控整流后,输出电压可调的脉动直流,经 LC 滤波后,得到纹波较小的直流输出。在直流输出端接采样电路,采样信号送入比较电路,与可调的基准电压比较后的差值电压送触发器 1,与同步信号叠加后调节晶闸管 $V_{S1} \sim V_{S3}$ 的导通角,使输出端电压稳定。改变基准电压值,通过触发器 1 改变晶闸管 $V_{S1} \sim V_{S3}$ 的导通角,可在一定的调节范围内改变输出电压的大小,也就调节相应的脉冲电流的大小。

直流输出端经脉冲变压器 T 接到开关管或晶闸管 V_S,V_S 工作于开关状态。管子 V_S 由信号源通过触发器 2 以一定的频率使晶闸管 V_S 交替地截止、导通,此时脉冲变压器 T 的副边就输出矩形波电压。矩形脉冲的频率和占空比受信号源的控制,调节信号源输出信号的频率和波形,就可决定输出脉冲的频率和占空比。

管子 V_S 一般可采用晶闸管,晶闸管耐压高、电流大、价格便宜。晶闸管有不同的品种,其中可判断晶闸管具有直流自关断能力,关断时不需要在管子两端加反向电压,控制电路比较简单,可优先考虑选用。

6.3　直流逆变电源

在边远无电源的地区,或在野外工作的单位,或在重要的工作场所停电时,可采用蓄电池、硅太阳能电池、风力发电机和蓄电池配套等所提供的直流电源,经逆变为交流并升压,来向交流用电设备供电,如日光灯等。

如图 6.9(a)所示,是一直流日光灯逆变电路。将次级阻抗折算到初级,则等效电路如图 6.9(b)所示。次级电路中的灯管内阻 R_L 远小于镇流器的感抗 ωL_H。图 6.9(b)所示的电路,基本上是一个 LC 并联的电路,在某一频率下发生并联谐振,电容 C 上的电压是正弦波,加到变压器的初级绕组端,以及负载端也都是正弦波电压。并通过变压器把次级电压升高到所需的值。

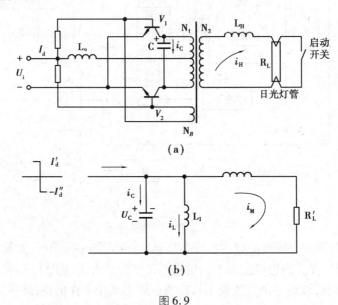

图 6.9

(a)并联谐振式自激逆变电路;(b)谐振式逆变器等效电路

如上所述,谐振时电容 C 上的电压 U_c 是正弦波,U_c 加到变压器的初级绕组,因此,初级绕组中的电流 i_m 也是正弦波。当 i_m 在正半周中由于峰值减小时,或在负半周中由峰值向零值方向变化时,都引起变压器铁芯中磁通相应的变化,使反馈绕组 N_3 中感应电压改变方向。此电压加到开关管 V_1、V_2 的基极,使 V_1、V_2 交替导通、截止。当 V_1 导通时,直流电源通过滤波电感 L_0 向初级绕组上半部供给电流;当 V_2 导通时,直流电源通过 L_0 向初级绕组下半部供给电流,通过变压器将直流电源的能量传递给负载,LC 谐振电路则将直流交接交换成交流,变压器则可将较低的初级电压升到较高的值,由次级绕组供给负载。

小　结

UPS 电源不仅能保证连续供电,而且输出电源非常纯净,没有任何杂波,它是一种高质量的电源。UPS 电源按工作方式分为后备式和在线式两种;按输出波形分为方波式和正弦波式两种。在选择 UPS 电源时,要注意电源的技术要求、容量、相数、工作方式以及保护时间等。根据不同的需要和要求,UPS 电源有很多连接方式,如:旁路式、并联冗余式、分隔盈余式和带连开关式。这些连接方式各有自己的优点,可根据实际情况选择不同的接法。

UPS 电源中,蓄电池是储能的装置,是 UPS 电源的重组成部分。要正确的使用和维护,才能延长其使用寿命。

脉冲电源主要应用在工业生产上,有多种波形脉冲电源,常用的有矩形脉冲电源。

直流逆变电源主要应用在没有电源或临时供电场所,把直流电源逆变为符合要求的交流电。

思考题与练习题

6.1　UPS 电源的主要功能有哪些?

6.2　UPS 电源有哪几种? 它各自的特点是什么?

6.3　在选择 UPS 电源时应考虑哪些方面?

6.4　UPS 电源有哪几种连接方式?

6.5　试分析 PULSE-1000R 型 UPS 电源由市电到逆变的控制电路的工作过程。

6.6　脉冲电源在工业上有哪些方面的应用? 其特点是什么?

通信电源系统

本章要点
通信电源系统构成及基本要求
通信电源中各模块的基本功能
通信电源的基本防护方法

通信电源在通信局(站)中具有无可比拟的重要地位。一旦通信电源发生故障而停止供电,必将造成通信中断。因此,人们把通信电源喻为通信的"心脏"。随着通信技术的飞速发展,通信设备的不断更新,现代通信对通信电源 的要求也越来越高。它包含的内容非常广泛,不仅包含 48 V 直流组合通信电源系统,而且还包括 DC/DC 二次模块电源,UPS 不间断电源和通信用蓄电池等。通信设备需要电源设备提供直流供电,电源的安全、可靠是保证通信系统正常运行的重要条件。

7.1 通信设备对电源系统的基本要求

7.1.1 通信设备对电源的一般要求

通信设备对电源系统的一般要求是:可靠、稳定、小型、高效率。

1)可靠性

为了确保通信畅通,除了必须提高通信设备的可靠性外,还必须提高电源系统的可靠性。通常,电源系统要给许多通信设备供电,因此电源系统发生故障后,对通信的影响很大。例如,市话局直流电源瞬时中断,就会导致交换设备中的机件全部复原,所有通信全部中断,并且在恢复供电时,由于交换机中大量机件同时工作,可能造成电源设备严重过流。在由计算机控制的通信设备中,即使电源瞬时中断,也会丢失大量信息。为了保证可靠供电,卫星通信地面站、自动转报通信设备、程控电子交换设备等,都采用交流不停电供电系统。在直流供电系统中,整流器与电池组并联的浮充电方式以及多组交换器并联供电等方案,都可以保证可靠供电。

2)稳定性

各种通信设备都要求电源电压稳定,不能超过允许变化范围。电源电压过高,会损坏通信设备中的电子元件,电源电压过低,通信设备不能正常工作。此外,直流电源电压中的脉动杂音也必须低于允许值,否则,也会严重影响通信质量。

3)小型化

随着集成电路的迅速发展和应用,通信设备正向小型化、集成化方向发展。为了适应通信设备的发展,电源装置也必须实现小型化、集成化。此外,各种移动通信设备和航空、航天装置中的通信设备更要求电源装置体积小,质量轻。为了减小电源装置的体积和质量,各种集成稳压器和无工频变压器的开关电源得到广泛的应用。

4)高效率

随着通信设备的容量日益增加,电源系统的负荷不断增大。为了节约电能,必须设法提高装置的效率。为此,各种类型的开关稳压电源在通信设备中应用。还有许多通信设备已开始采用太阳能电池。

7.1.2 现代通信对电源系统的新要求

1)低压、大电流,多组供电电压需求

低压、大电流,多组供电电压需求,功率密度大幅度提升,供电方案和电源应用方案设计呈现出多样性。

2）模块化：自由组合扩容互为备用

提高安全系数，模块化有两方面的含义，其一是指功率器件的模块化，其二是指电源单元的模块化。实际上，由于频率的不断提高，致使引线寄生电感、寄生电容的影响愈加严重，对器件造成更大的应力（表现为过电压、过电流毛刺）。为了提高系统的可靠性，而把相关的部分做成模块，把开关器件的驱动、保护电路也装到功率模块中去，构成了"智能化"功率模块（IPM），这既缩小了整机的体积，又方便了整机设计和制造。

多个独立的模块单元并联工作，采用均流技术，所有模块共同分担负载电流，一旦其中某个模块失效，其他模块再平均分担负载电流。这样，不但提高了功率容量，在器件容量有限的情况下满足了大电流输出的要求，而且通过增加相对整个系统来说功率很小的冗余电源模块，极大地提高了系统可靠性，即使万一出现单模块故障，也不会影响系统的正常工作，而且为修复提供了充分的时间。

现代电信要求高频开关电源采用分立式的模块结构，以便于不断扩容、分段投资，并降低备份成本。不能像习惯上采用的 1 + 1 的全备用（备份了 100% 的负载电流），而是要根据容量选择模块数 N，配置 N + 1 个模块（即只备份了 1/N 的负载电流）即可。

3）能实现集中监控

现代电信运行体制要求动力机房的维护工作通过远程监测与控制来完成。这就要求电源自身具有监控功能，并配有标准通信接口，以便与后台计算机或与远程维护中心通过传输网络进行通信、交换数据，实现集中监控。从而提高维护的及时性，减小维护工作量和人力投入，提高维护工作的效率。

4）自动化、智能化

要求电源能进行电池自动管理，故障自诊断，故障自动报警等，自备发电机应能自动开启和自动关闭。

5）小型化

现在各种通信设备的日益集成化、小型化，这就要求电源设备也要相应地小型化，作为后备电源的蓄电池也应向免维护、全密封、小型化方面发展，以便将电源、蓄电池随小型通信设备布置在同一个机房，而不需要专门的电池室。

6）新的供电方式

相应于电源小型化，供电方式应尽可能实行各机房分散供电，设备特别集中时才采用电力室集中供电，大型的高层通信大楼可采用分层供电（即分层集中供电）。

集中供电和分散供电各有优点，因条件不同斟酌选用。

图 7.1 是传统电力室配置示意图。

对于集中供电，电力室的配置包括交流配电设备、整流器、直流配电设备、蓄电池。各机房从电力室直接获得直流电压和其他设备、仪表所使用的交流电压。这种配置有它的优点，例如集中电源于一室，便于专人管理。蓄电池不会污染机房等。但它有一个致命的缺点，即浪费电能，传输损耗大，线缆投资大。因为直流配电后的大容量直流电流由电力室传输到各机房，传输线的微小电阻也会造成很大的压降和功率损耗。

对于分散供电，电力室成为单纯交流配电的部分，而将整流器、直流配电和蓄电池组分散装于各机房内。这样，将整流器、直流配电、电池化整为零，使它们能够小型化，相对的小容量。但这里有个先决条件，蓄电池必须是全密封型的，以免腐蚀性物质的挥发而污染环境、损坏设备（现行的全密封型的电池已经能达到要求了）。

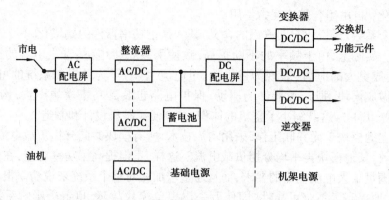

图 7.1　集中供电系统

分散供电最大的优点是节能。因为从配电电力室到机房的传输线上,原先传输的直流大电流,现在变为传输 380 V 的交流。计算表明,在传输相同功率的情况下,380 V 交流电流要比 48 V 的直流电流小得多,在传输线上的压降造成的功率损耗只有集中供电的 1/49 ~ 1/64。

7.2　通信电源系统的构成

通信电源系统一般由交流供电系统、直流供电系统和接地系统组成,如图 7.2 所示。

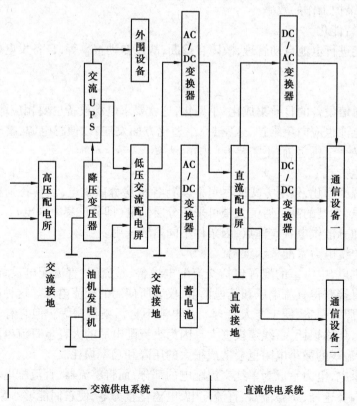

图 7.2　通信动力系统的构成

7.2.1　交流供电系统

1）系统组成

通信电源的交流供电系统由高压配电所、降压变压器、油机发电机、UPS 和低压配电屏组成。交流供电系统可以有三种交流电源：变电站供给的市电、油机发电机供给的自备交流电、UPS 供给的后备交流电。

2）油机发电机

为防止停电时间较长导致电池过放电，电信局一般都配有油机发电机组。当市电中断时，通信设备可由油机发电机组供电。油机分普通油机和自动启动油机。当市电中断时，自动启动油机能自动启动，开始发电。由于市电比油机发电机供电更经济可靠，所以，在有市电的条件下，通信设备一般都应由市电供电。

3）UPS 电源

为了确保通信电源不中断、无瞬变，可采用静止型交流不停电电源系统，也称 UPS。UPS 一般都由蓄电池、整流器、逆变器和静态开关等部分组成。市电正常时，市电和逆变器并联给通信设备提供交流电源，而逆变器是由市电经整流后给它供电。同时，整流器也给蓄电池充电，蓄电池处于并联浮充状态。当市电中断时，蓄电池通过逆变器给通信设备提供交流电源。逆变器和市电的转换由交流静态开关完成。

4）交流配电屏

输入市电，为各路交流负载分配电能。当市电中断或交流电压异常时（过压、欠压和缺相等），低压配电屏能自动发出相应的告警信号。

5）连接方式——交流电源备份方式

大型通信站交流电源一般都由高压电网供给，自备独立变电设备。而基站设备常常直接租用民用电。为了提高供电可靠性，重要通信枢纽局一般都由两个变电站引入两路高压电源，并且采用专线引入，一路主用，一路备用，然后通过变压设备降压供给各种通信设备和照明设备，另外还要有自备油机发电机，以防不测。一般的局站只从电网引入一路市电，再接入自备油机发电机作为备用。一些小的局站、移动基站只接入一路市电（配足够容量的电池），油机为车载设备。

7.2.2　直流供电系统

1）系统组成

通信设备的直流供电系统由高频开关电源（AC/DC 变换器）、蓄电池、DC/DC 变换器和直流配电屏等部分组成。

2）整流器

从交流配电屏引入交流电，将交流电整流为直流电压后，输出到直流配电屏与负载及蓄电池连接，为负载供电，给电池充电。

3）蓄电池

交流停电时，向负载提供直流电，是直流系统不间断供电的基础条件。

4）直流配电屏

为不同容量的负载分配电能,当直流供电异常时要产生告警或保护。如熔断器断告警、电池欠压告警、电池过放电保护等。

5）DC/DC 变换器

DC/DC 变换器将基础电源电压(−48 V 或 +24 V)变换为各种直流电压,以满足通信设备内部电路多种不同数值的电压(±5 V、±6 V、±12 V、±15 V、−24 V 等)的需要。

近年来,由于微电子技术的迅速发展,通信设备已向集成化、数字化方向发展。许多通信设备采用了大量的集成电路组件,而这些组件需要 5～15 V 的多种直流电压。如果这些低压直流直接从电力室供给,则线路损耗一定很大,环境电磁辐射也会污染电源,供电效率很低。为了提高供电效率,通信设备大多装有直流变换器,通过这些直流变换器可以将电力室送来的高压直流电变换为所需的低压直流电。

另外,通信设备所需的工作电压有许多种,这些电压如果都由整流器和蓄电池供给,那么就需要许多规格的蓄电池和整流器,这样,不仅增加了电源设备的费用,也大大增加了维护工作量。为了克服这个缺点,目前大多数通信设备采用 DC/DC 变换器给内部电路供电。

DC/DC 变换器能为通信设备的内部电路提供非常稳定的直流电压。在蓄电池电压(DC/DC 变换器的输入电压)由于充、放电而在规定范围内变化时,直流变换器的输出电压能自动调整保持输出电压不变。从而使交换机的直流电压适应范围更宽,蓄电池的容量可以得到充分的利用。

6）连接方式——直流供电方式

蓄电池是直流系统供电不中断的基础条件。根据蓄电池的连接方式,直流供电方式主要采用并联浮充供电方式,尾电池供电方式、硅管降压供电方式等基本不再使用。

并联浮充供电方式是将整流器与蓄电池直接并联后对通信设备供电。在市电正常的情况下,整流器一方面给通信设备充电,一方面又给蓄电池充电,以补充蓄电池因局部放电而失去的电量;当市电中断时,蓄电池单独给通信设备供电,蓄电池处于放电。由于蓄电池通常处于充足电状态,所以市电短期中断时,可以由蓄电池保证不间断供电。若市电中断期过长,应启动油机发电机供电。

这是最常用的直流供电方式。采用这种工作方式时,蓄电池还能起一定的滤波作用。但这种供电方式有个缺点——在并联浮充工作状态下,电池由于长时间放电导致输出电压可能较低,而充电时电压较高,因此负载电压变化范围较大。它适用于工作电压范围宽的交换机。

7.2.3 接地系统

为了提高通信质量、确保通信设备与人身的安全,通信局站的交流和直流供电系统都必须有良好的接地装置。

1）通信机房的接地系统

通信机房的接地系统包括交流接地和直流接地。

2）交流接地

交流接地包括:交流工作接地、保护接地、防雷接地。

3）直流接地

直流接地包括：直流工作接地、机壳屏蔽接地。

局站的接地系统如图7.3所示。

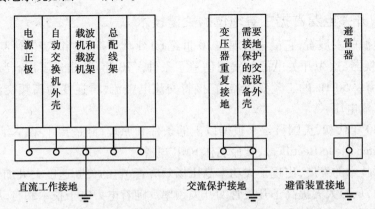

图7.3　通信机房接地系统

4）通信电源的接地

通信电源的接地包括：交流零线复接地、机架保护接地和屏蔽接地、防雷接地、直流工作地接地。

通信电源的接地系统通常采用联合地线的接地方式。联合地线的标准连接方式是将接地体通过汇流条（粗铜缆等）引入电力机房的接地汇流排，防雷地、直流工作地和保护地分别用铜芯电缆连接到接地汇流排上。交流零线复接地可以接入接地汇流排入地，但对于相控设备或电机设备使用较多（谐波严重）的供电系统，或三相严重不平衡的系统，交流复接地最好单独埋设接地体，或从直流工作接地线以外的地方接入地网，以减小交流对直流的污染。

以上4种接地一定要可靠，否则不但不能起到相应的作用，甚至可能适得其反，对人身安全、设备安全、设备的正常工作造成威胁。

7.3　现代通信电源

7.3.1　开关电源成为现代通信网的主导电源

在通信网上运行的电源主要包括3种：线性电源、相控电源、开关电源。

传统的相控电源，是将市电直接经过整流滤波提供直流，由改变晶闸管的导通相位角来控制整流器的输出电压。相控电源所用的变压器是工频变压器，体积庞大。所以，相控电源体积大、效率低、功率因数低，严重污染电网，已逐渐被淘汰。

另外一种常用的稳压电源，是通过串联调整管可以连续控制的线性稳压电源，线性电源的功率调整管总是工作在放大区，流过的电流是连续的。由于调整管上损耗较大的功率，所以需要较大功率调整管并装有体积很大的散热器。由于发热严重，效率很低，一般只用作小功率电源，如设备内部电路的辅助电源。

开关电源的功率调整管工作在开关状态，有体积小、效率高、重量轻的优点，可以模块化设计,通常按 N + 1 备份(而相控电源需要 1 + 1 备份),组成的系统可靠性高。正是这些优点,开关电源已在通信网中大量取代了相控电源,并得到越来越广泛的应用。

7.3.2 促成开关电源占据主导地位的关键技术

从开关电源的发展看,它最早出现在 20 世纪 60 年代中期。当时美国研制出了 20 kHz 的 DC/DC 变换器,这为开关电源的发明创造了条件。70 年代,出现了用高频变换技术的整流器,它不需要 50 Hz 的工频变压器,直接将交流电整流,再逆变为高频交流,再整流滤波变为所需直流电压。

20 世纪 80 年代初,英国科学家根据以上的条件和原理,制造出了第一套实用的 48 V 开关电源(Switch Mode Rectifier),被命名作 SMR 电源。

随着器件技术的发展,出现了大功率高压场效应管,它的关断速度大大加快,电荷存储时间大大缩短,从而大大提高了开关管的开关频率。随着电力电子技术和自动控制技术的发展,开关电源各方面的技术得到了飞速的发展。

在各方面的技术进步中,对于开关电源在通信电源中形成主导地位有决定性意义的技术突破有以下四项:

(1)均流技术使开关电源可以通过多模块并联组成前所未有的大电流系统和提高系统的可靠性。

(2)开关电路的发展使开关电源的频率不断提高的同时效率亦提高,并且使每个模块的变换功率也不断增大。

(3)功率因数校正技术有效地提高了开关电源的功率因数。在环保意识不断加强的时代,这是它形成主导地位的关键;

(4)智能化给维护工作带来了极大的方便,提高了维护质量,使它备受人们的青睐。

1)功率因数校正技术

由于开关电源电路的整流部分使电网的电流波形畸变,谐波含量增大,而使得功率因数降低(不采取任何措施,功率因数只有 0.6 ~ 0.7),污染了电网环境。开关电源要大量进入电网,就必须提高功率因数,减轻对电网的污染,以免破坏电网的供电质量。这里介绍提高功率因数的措施。

2)采用三相三线制整流

因为三相三线制没有中线的整流方式,不存在中线电流(如果有中线,三次谐波在中线上线性叠加,谐波分量很大),这时虽然相电流中间还有一定的谐波电流,但谐波含量大大降低,功率因数可提高到 0.86 以上。这种供电方式的电路如图 7.4 所示。

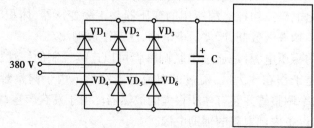

图 7.4　三相无中线整流电路

3）利用无源功率因数校正技术

这一技术是在三相无中线整流方式下,加入一定的电感来把功率因数提高到 0.93 以上,谐波含量降到 10% 以下,电路如图 7.5 所示,适当选择校正的参数,功率因数可达 0.94 以上。安圣公司生产的 100 A 和 200 A 整流模块采用了这种技术。

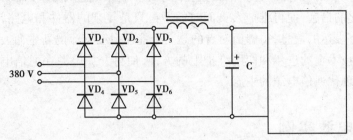

图 7.5 无源功率因数校正电路

4）采用有源功率因数校正技术

在输入整流部分加一级功率处理电路,强制流经电感的电流几乎完全跟随输入电压变化(输入电压、电流波形见图 7.7),无功功率几乎为 0,功率因数可达 0.99 以上,谐波含量可降低到 5% 以下。图 7.6 示意了这种方法的电路图。可见采用有源校正后电流谐波含量大大减少,已接近正弦波,安圣公司生产的 50 A 整流模块采用了这种技术,功率因数高达 0.99。

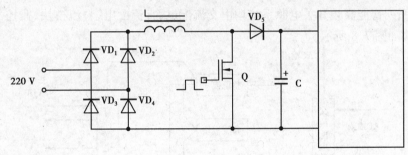

图 7.6 有源功率因数校正原理图

5）开关电源的智能化技术

开关电源系统大量应用了控制技术、计算机技术进行各种异常保护、信号检测、电池自动管理等。

有专门的监控电路板分别对交流配电、直流配电的各参数进行实时监控,能实现交流过、欠压保护,两路市电自动切换,电池过欠压告警、保护等功能;许多开关电源的每个整流模块内都配有 CPU,对整流器的工作状态进行监测和控制,如模块输出电压、电流测量,程序控制均浮充转换等。整流模块本身能实现过、欠压保护,输出过压保护等保护功能,并能进行一些故障诊断。

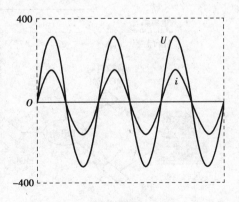

图 7.7 输入电压、电流波形

电源系统配有监控单元对整个系统进行监控,电池自动管理,作为人机交互界面处理各监控板采集的数据、过滤告警信息、故障诊断,并提供通讯口以供后台监控和远程监控。

远程监控使维护人员在监控中心同时监视几十台机器,电源有故障会立即回叫中心,监控系统自动呼叫维护人员。这些都大大提高了维护的及时性,减小了维护工作量。

这些智能化的措施,使得维护人员面对的不再只是复杂的器件和电路,而是一条条用熟悉的人类语言表达的信息,仿佛面对着的是一个能与自己交流的新生命。

总之,这些技术上的进步和使用维护上的方便,使得开关电源在通信电源中逐渐占据主导地位,成为现代通信电源的主流。

7.4 通信电源实例

安圣从 20 世纪 90 年代开始着手开发、研制、生产高频开关电源系统,建立了良好的组织管理体系和技术服务网络。目前安圣公司提供的 PS 系列智能高频开关电源系统,产品规格齐全,利用计算机技术、现代化自动控制技术实现了系统的本机、近程、远程三级监控。可为各种程控交换机及其他通信设备提供 −48 V 和 24 V 直流电源和多路稳定交流配电。

7.4.1 安圣公司 PS 系列电源

PS48 系列智能高频开关电源系统均由交流配电、直流配电、整流模块、监控部分组成,其整体结构如图 7.8 所示。

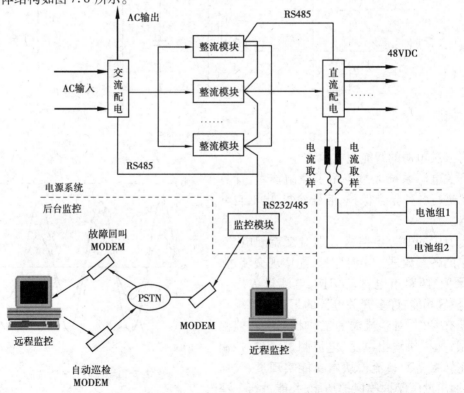

图 7.8 PS 系列电源系统组成原理

市电输入到交流配电,交流配电将电能分配给各路交流负载和整流模块,整流模块将交流电压整流成 48 V 的直流电。整流模块输出的直流电流汇集到直流母排,再进入直流配电,由直流配电将直流分配给各路负载(交换机等设备),并给电池充电。监控模块是电源系统的大脑,实时监测和控制电源系统的各个部分。这四个部分各分担一定的功能,相互配合,保证对直流负载的可靠供电。

由于监控模块配有标准的通信接口,可以通过近程后台或远程后台监控电源系统的运行,实现电源系统的集中维护。

(1)交流配电。输入市电或油机电,将交流电能分配给各路交流负载。当市电中断或市电异常时(过压、欠压、缺相等),配电屏能自动发出告警信号,有的电源系统还能自动切换到第二路市电或自动切断交流电源,保护系统。

(2)整流模块。从交流配电取得交流电能,将交流电整流成直流电,输出到直流母排。交流异常或直流输出异常时发出告警或自动保护。整流模块发生严重故障时,自动关机,退出工作。

(3)直流配电。将直流母排上的直流电能分配给不同容量的负载,并给电池充电。当直流供电异常时要产生告警或保护。如熔断器断告警、电池欠压告警、电池过放电保护等。

(4)监控模块。实时监测和控制电源系统各部分工作。即监测和控制交流配电、整流模块、直流配电的工作状态。对电池进行自动管理,即自动控制充电过程,监测电池放电过程,电池电压过低时发出告警或控制直流配电断开电池,自动保护电池。监控模块还配有标准的通信口,RS232、RS485 或 RS422 通信口,作为后台监控的接口。

7.4.2　PS 系列通信电源产品

模块容量从 10 A 到 200 A,电源系统有 –48 V、24 V 两大系列,容量从 10 A 到 6 000 A 平滑覆盖。

–48 V 整流模块:HD4810、HD4820、HD4825、HD4830、HD4850、HD48100。

24 V 整流模块:HD2440,HD2450。

典型的 –48 V 系列通信电源系统:PS4840/10、PS48300/25、PS48360/30、PS48400/50、PS48600 –2/50、PS481000/100。

典型的 24 V 系列通信电源系统:PS24480/40,PS24600/50。

电源系统可根据需要选配各种容量的标准交流配电屏、直流配电屏,亦可根据特殊要求,设计非标准配电屏。

7.5　电源工程设计参考

7.5.1　电池容量计算

通信电源系统容量设计的基本依据是:电网供电等级(用来确定电池支撑时间和后备油机的配置)、电网运行状态(用来确定充电策略)和近期或终期负载电流大小。如果直接按照用户期望的电池供电支撑时间设计,可以不考虑电网状况。

在确定了期望的电池支撑时间(或电池放电小时数)T 与电池平均工作环境温度 t 以

后,电池容量 Q 与负载电流 I 之间的关系可以表达为:

$$Q = CI \tag{7.1}$$

其中 C 从不同温度下与 T 值的关系表中查询。

不同温度下 C 与 T 值的关系

每组电池放电小时数(T 值)/h	0.5	1	1.25	2	3	4	5	6	8	9	10	12	16	20
$t = 5 \, ℃$ 时容量计算系数 C	1.7	2.38	2.75	3.9	4.76	6.03	7.17	8.03	10.13	11.05	11.9	14.29	19.05	23.81
$t = 10 \, ℃$ 时容量计算系数 C	1.62	2.27	2.63	3.73	4.55	5.75	6.85	7.66	9.67	10.54	11.36	13.64	18.18	22.73
$t = 15 \, ℃$ 时容量计算系数 C	1.55	2.17	2.52	3.56	4.35	5.5	6.55	7.33	9.25	10.09	10.87	13.04	17.39	21.74

7.5.2 系统配置计算

系统配置计算的依据是:

1)电池备用方式

电池备份分为无备份和 1 + 1 备份两种。无备份时,一组电池可以满足放电小时数。1 + 1 备份时,任何一组电池损坏都可以满足放电小时数。有时为了选型方便或运行安全,将单组电池容量分成两组电池,每组电池可以满足一半的放电小时数。

2)整流器备用方式

整流器备份一般采用 N + 1 备份,局部地区也采用电池充电容量备份,即电池充电只在较短时间内发生,多数情况下为电池充电设计的整流器容量处于备用状态。

3)充电系数 α

基于电网停电频率和平均停电持续时间来确定。如果停电频率较高(3 ~ 4 次/月)且持续时间长(接近或大于电池放电小时数),电池的充电系数可以选择得大一些,如 0.15 ~ 0.2,但不能超过部标的极限值 0.25。对电网较好的局站,充电系数一般选择为 0.1 ~ 0.15。

4)扩容考虑

如果局站近期负荷小、终期负荷大,为了减小近期投资额,可以按照近期负荷容量 I 进行设计。整流器容量 I_z 配置计算公式如下:

$$I_z = I + KaQ$$

式中 I_z——计算的整流器总容量,单位安培;

I——近期或终期负荷电流,单位安培;

K——电池备用系数。无备份取 1,1 + 1 备份取 2;

a——充电系数,取值范围为 0.1 ~ 0.2;

Q——电池容量,单位 A·h。

整流器的配置个数 N 的确定通过 I_z 与单体整流器容量的比值取整计算得出。根据备用方式确定最后需要配置的整流器数量。

7.6 通信电源安全防护

机房施工过程中的安全防护、蓄电池的维护、电力电缆的选配、设备割接等方面的知识对于电源设备的维护极为重要。本章重点介绍机房的安全防护,主要包括接地与防雷两部分内容,重点内容为 PS 系列电源防雷系统的结构特点及基本组成。

7.6.1 电源设备接地系统

1)接地的必要性

接地系统是通信电源系统的重要组成部分,它不仅直接影响通信的质量和电源系统的正常运行,还起到保护人身安全和设备安全的作用。

在通信局站中,接地技术牵涉到各个专业的通信设备、电源设备和房屋建筑等方面。本节主要研究通信和电力设备接地技术问题,至于房屋建筑避雷防护等接地要求,则应遵照相关专业的规定。

在通信局站中,通信和电源设备由于以下原因需要接地。

(1)通信回路接地。在电话通信中,将电池组的一个极接地,以减少由于用户线路对地绝缘不良时引起的串话。

用户线路对地绝缘电阻的降低可能引起串话,因为一条线上有些话音电流可能通过周围土壤找到一条通路而流到另一条线路上去。

如果将话局的电池组的一个极接地,则一部分泄漏的话音电流将通过土壤流到电池的接地极,因此降低了串音电平。降低程度取决于电池极接地的效果以及土壤的电阻率。

根据若干调查说明,如果电池一个极的接地电阻低于 20 Ω,就有可能使串音保持在适当的限值以内,当然,这一限值并不能作为普遍允许的数值,也就是说存在着更严格的接地电阻要求,因为它随着不同的电话系统而变化,而且还取决于线路的容量、绝缘标准等。

在电话和公用电报通信回路中,利用大地完成通信信号回路。

在直流远距离供电回路中,利用大地完成导线——大地制供电回路。

(2)保护接地。将通信设备的金属外壳和电缆金属护套等部分接地,以减小电磁感应,保持一个稳定的电位,达到屏蔽的目的,减小杂音的干扰。

磁场可能在电缆中感应出相当大的纵向电压,由于在电路中某些点上的不对称性,这种纵向电压会形成横向的杂音电压,故只有当电缆的金属护套是接地时,可以减少感应电压。

将电源设备的不带电的金属部分接地或接零,以免产生触电事故,保护维护人员人身安全。另外为了防止电子设备和易燃油罐等受静电影响而需要接地。

(3)交流三相四线制中性点接地。在交流电力系统中,将三相四线制的中性点接地,并采用接零保护,以便在发生接地故障时迅速将设备切断。也可以降低人体可能触及的最高接触电压,降低电气设备和输电线路对地的绝缘水平。

(4)防雷接地。为了避免由于雷电等原因产生的过电压而危及人身和击毁设备,应装设地线,让雷电流尽快地入地。

2）接地系统的组成

（1）地。接地系统中所指的地，即一般的土地，不过它有导电的特性，并具有无限大的容电量，可以用来作为良好的参考电位。

（2）接地体（或接地电极）。为使电流入地扩散而采用的与土地成电气接触的金属部件。

（3）接地引入线。把接地电极连接到地线盘（或地线汇流排）上去的导线。在室外与土地接触的接地电极之间的连接导线则形成接地电极的一部分，不作为接地引入线。

（4）地线排（或地线汇流排）。专供接地引入线汇集连接的小型配电板或母线汇接排。

（5）接地配线。把必须接地的各个部分连接到地线盘或地线汇流排上去的导线。

由以上接地体、接地引入线、地线排或地线汇流排、接地配线组成的总体称为接地系统。

电气设备或金属部件对一个接地连接称为接地。

3）接地系统的分类

（1）直流接地系统。按照性质和用途的不同，直流接地系统可分为工作接地和保护接地两种，工作接地用于通信设备和直流通信电源设备的正常工作，而保护接地则用于保护人身和设备的安全。

接到直流接地系统上的是：

蓄电池组的正极或负极（不接地系统除外）；通信设备的机架；总配线架的铁架；通信电缆的金属隔离层；通信线路的保安器；程控交换机室防静电地面。

（2）交流接地系统。交流接地系统用于由市电和油机发电设备供电的设备，也可以分为工作接地和保护接地两种。在接地的交流电力系统中，如380/220 V 三相 TN 制供电系统，其中性点必须接地组成接零系统，作为工作接地，同时具有保护人身安全作用。

接到交流接地系统上的是：380/220 V 三相 TN 制电力网的中性点；变压器、电机、整流器、电器和携带式用电器具等的底座和外壳；互感器的二次绕组；配电屏与控制屏的框架；室内外配电装置的金属构架和钢筋混凝土框架以及靠近带电部分的金属围栏和金属门；交直流电力电缆和控制电缆的接线盒、终端盒、外壳和电缆的金属护套、穿线的钢管等。微波天线塔的铁架。

在中性点直接接地的低压电力网中，重复接地也是交流接地系统的一部分。

（3）测量接地系统。在较大型的通信局站工程中，为了测量直流地线的接地电阻，设置固定的接地体和接地引入线，单独作为测试仪表的辅助接地用。

（4）防雷接地系统。为了防止建筑物或通信设施受到直击雷、雷电感应和沿管线传入的高电位等引起的破坏性后果，而采取把雷电流安全泄掉的接地系统，有关建筑物和通信线路等设施的防雷接地，应遵照相关专业的规定设计。

（5）联合接地。在通信系统工程设计中，通信设备受到雷击的机会较多，需要在受到雷击时使各种设备的外壳和管路形成一个等电位面，而且在设备结构上都把直流工作接地和天线防雷接地相连，无法分开，故而局站机房的工作接地、保护接地和防雷接地合并设在一个接地系统上，形成一个合设的接地系统，系统结构如图7.9所示。

在按分设的原则设计的接地系统中，往往存在的问题：有些微波机，直流接地、交流保护接地和防雷接地不能分开；交流电源设备外壳的交流保护接地线和直流接地由于走线

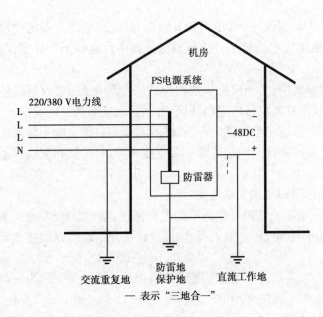

图 7.9　接地系统结构示意图

架、铅包电缆等连接,也难于分开;由于随机的和无法控制的连接,并由于大电流的耦合,各种接地极常常是不可能确保分开。

因为与不同的接地极相连接的各部分之间有可能产生电位差,故有着火和危害人的生命的安全。

因此,有的国家已采用各种接地系统合设的原则。根据国际电报电话咨询委员会《电信装置的接地手册》(1974 年),提出在若干电话交换局以及终端和中间增音站中进行测量比较得出的结果如下:

所有电信设备和电源装置使用共用的接地,对电话电路中的干扰并无影响。

当一个网路的中线接到共用的接地时,干扰并不增加;相反,有些情况下干扰减小,这也许是接地电阻改善的缘故。

目前,在设计的个别通信枢纽工程中,试用了合设接地系统的设计。根据接地网路电位升高对通信局站影响的试验报告,直流通信接地和交流接零相连,可以使电位升高增加通信的杂音。但如电位升不超过 1 V 时,对交换设备和明线载波通路中所产生的杂音影响不大。

如果公共接地系统的电阻很小,杂音影响是可以减小的,国际电报电话咨询委员会《电信装置的接地手册》中测出的结果也是一样,干扰并无影响,而在有些情况下干扰减少了。

在我国设计实践中,采用主楼基础和钢筋躯体作为接地极,它们的接地电阻比较小,部分主楼基础和钢筋躯体作为接地体的接地电阻测量结果如下:

济南长话通信枢纽主楼钢筋体为 0.24 Ω。

深圳长话通信枢纽主楼基础钢筋为 0.25 Ω。

上海长途通信枢纽主楼的一根地基基础的深桩为(主楼由约 200 根深桩组成)0.15 Ω。

利用主楼钢筋躯体作为合设地线的接地极的优点,是它的接地电阻很小。

在合设的接地系统中,为了抑制交流三相四线制供电网路中不平衡电流的干扰,建议在通信机房及有关布线系统中,采用三相五线制布线,即电源设备的中性线与保护接零互相绝缘,自地线盘或接地汇流排上直接分别引线到中性点端子和接零保护端子,接地系统见图7.3。

在合设的接地系统中,为使同层机房内形成一个等电位面,从每层楼的钢筋上引出一根接地扁钢,必要时供有关设备外壳相联接,有利于设备和人员的安全。

目前合设的接地系统中要注意的一个问题是,如何在雷击时不使高电位通过各种线路引出到对方局站。要解决这个问题需要有关专业共同研究,如在配线架上装设避雷器等装置予以解决。

4)接地系统的电阻和土壤的电阻率

(1)接地系统的电阻。接地系统电阻的总和是:土壤电阻;土壤电阻和接地体之间的接触电阻;接地体本身的电阻;接地引入线、地线盘或接地汇流排以及接地配线系统中采用的导线的电阻。

以上几部分中,起决定性作用的是接地体附近的土壤电阻。因为一般土壤的电阻都比金属大几百万倍,如取土壤的平均电阻率为 $1 \times 10^4 \ \Omega \cdot m$,而 $1 \ cm^3$ 铜在 20 ℃时的电阻为 $0.017\ 5 \times 10^{-4}\Omega$,则这种土壤的电阻率较铜的电阻率大 57 亿倍。接地体的土壤电阻 R 的分布情况主要集中在接地体周围。

在通信局站的接地系统里,其他各部分的电阻都比土壤小得多,即使在接地体金属表面生锈时,它们之间的接触电阻也不大,至于其他各部分则都是用金属导体构成,而且连接的地方又都十分可靠,所以它们的电阻更是可以忽略不计。

但在快速放电现象的过程中,例如"过压接地"的情况下,构成接地系统导体的电阻可能成为主要的因素。

如果接地电极与其周围的土壤接触得不紧密,则接触电阻可能影响接地电阻达到总值的百分之几十,而这个电阻可能在波动冲击条件下由于飞弧而减小。

(2)土壤的电阻率。决定土壤电阻率的因素很多,衡量土壤电阻大小的物理量是土壤的电阻率,它表示电流通过 $1 \ m^3$ 土壤的这一面到另一面时的电阻值,代表符号为 r,单位为 $\Omega \cdot m$。在实际测量中,往往只测量 $1 \ cm^3$ 的土壤,所以 r 的单位也可采用 $\Omega \cdot cm$。

$$1 \ \Omega \cdot m = 100 \ \Omega \cdot cm$$

土壤的电阻率主要由土壤中的含水量以及水本身的电阻率来决定。决定土壤电阻率的因素很多,如:土壤的类型;溶解在土壤中的水中的盐的化合物;土壤中溶解的盐的浓度;含水量(水表);温度(土壤中水的冰冻状况);土壤物质的颗粒大小以及颗粒大小的分布;密集性和压力;电晕作用。

(3)接地体和接地导线的选择。接地体一般采用的镀锌材料:

角钢,50 mm×50 mm×5 mm,长 2.5 m。

钢管,Φ50 mm,长 2.5 m。

扁钢,$40 \ mm \times 4 \ mm^2$。

通信直流接地导线一般采用的材料:

室外接地导线用 $40 \ mm \times 4 \ mm^2$ 镀锌扁钢,并应缠以麻布条后再浸沥青或涂抹沥青两层以上。

室外接地导线用 $40 \ mm \times 4 \ mm^2$ 镀锌扁钢,再换接电缆引入楼内时,电缆应采用铜芯,截面不小于 50 mm^2。在楼内如换接时,可采用不小于 70 mm^2 的铝芯导线。不论采用哪一种材料,在相接时应采取有效措施,以防止接触不良等故障。

由地线盘或地线汇流排到下列设备的接地线,可采用不小于以下截面的铜导线:

24 V、–48 V、–60 V 直流配电屏	95 mm^2
±60 V、±24 V 直流配电屏	25 mm^2
电力室直流配电屏到自动	
长市话交换机室和微波室	95 mm^2
电力室直流配电屏到测量台	25 mm^2
电力室直流配电屏到总配线架	50 mm^2

(4)交流保护接地导线。根据《低压电网系统接地型式的分类、基本技术要求和选用导则》的初稿,保护线的最小截面如下:

相线截面 $S \leqslant 16$ mm^2 时,保护线 Sp 为 S mm^2。

相线截面 $16 < S \leqslant 35$ mm^2 时,保护线 Sp 为 16 mm^2。

相线截面 $S > 35$ mm^2 时,保护线 Sp 为 $S/2$ mm^2。

(5)接地电阻和土壤电阻率的测量。通信局站测量土壤电阻率(又称土壤电阻系数)有以下几个作用:

①在初步设计查勘时,需要测量建设地点的土壤电阻率,以便进行接地体和接地系统的设计并安排接地极的位置。

②在接地装置施工以后,需要测量它的接地电阻是否符合设计要求。

③在日常维护工作中,也要定期地对接地体进行检查,测量它的电阻值是否正常,作为维修或改进的依据。

(6)测量接地电阻的方法。测量接地电阻通常有下列几种方法:

①利用接地电阻测量仪器的测量法。

②电流表-电压表法。

③电流表-电功率表法。

④电桥法。

⑤三点法。

上述测量方法中,前两种方法应用得最为普遍。但不管采用哪一种方法,其基本原则相同,在测量时都要敷设两组辅助接地体,一组用来测量被测接地体与零电位间的电压,称为电压接地体;另一组用来构成流过被测接地体的电流回路,称为电流接地体。

利用电流表-电压表法测量接地电阻的优点是:接地电阻值不受测量范围的限制,特别适用于小接地电阻值(如 0.1 Ω 以下)的测量。利用此法测得的结果也是相当准确的。

若流经被测接地体与电流辅助接地体回路间的电流为 I,电压辅助接地体与被测接地体间的电压为 U,则被测接地体的接地电阻为:

$$R_0 = \frac{U}{I}$$

为了防止土壤发生极化现象,测量时必须采用交流电源。同时为了减少外来杂散电流对测量结果的影响,测量电流的数值不能过小,最好有较大的电流(约数十安培)。测量时可以采用电压为 65 V、36 V 或 12 V 的电焊变压器,其中性点或相线均不应接地,与市电网路绝缘。

被测接地体和两组辅助接地体之间的相互位置和距离,对于测量的结果有很大的影响。

7.6.2 雷电与通信电源安全防护

1)雷电的产生

雷电是一种自然现象,其物理成因仍处于探索阶段,比较流行的观点是起电学说。

根据这种学说,雷电源于异性电荷群体间的起电机制。这里所说的电荷群体既可以是带大量正、负极性电荷的雷云,也可以是附有大量感应电荷的大地或物体表面。我们知道,异性电荷群体间存在着电场,当电荷量增大或电荷间距缩小时,电场强度将增大,若场强增大到超过空气的击穿场强(一般为 500 ~ 600 kV/m)后,就会发生大气放电现象,伴随着强烈的光和声音,这便是人们常说的电闪雷鸣。

2)雷电参数

(1)雷电流波形。雷电流是一个非周期的微秒级(μs)瞬态电流,常用"波头时间/波长时间"来表示,如图 7.10 所示。波头时间是指雷电波从始点到峰值的时间,波长时间是指从始点经过波峰下降到半峰值的时间。必须注意的是,雷电流在导线上传输后,由于受到传播特性的影响,其波头时间和波长时间都将变长。

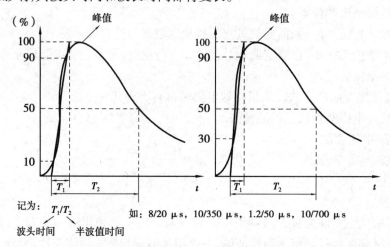

图 7.10 雷电流波形定义

在 IEC 标准、国标及原邮电部通信电源入网检测细则中,规定的模仿雷电波形有 10/350 μs 电流波、8/20 μs 电流波、1.2/50 μs 电压波或 10/700 μs 电压波等。这里的 10/350 μs 电流波,是指波头时间为 10 μs、波长时间为 350 μs 的冲击电流波;余下类同。

(2)雷电流峰值。雷电流峰值的单位为 kA(千安),其数值一般以统计概率形式给出。若以 $P(i)$ 表示雷电流超过 i 的概率,则有:

$$P(i) = e^{-bi}$$

b 为统计常数,在我国大部分地区 $b = 0.021$ kA^{-1},在西北、内蒙古、西藏及东北边境等少雷地区,可取 $b = 0.042$ kA^{-1}。

下表给出了我国雷电流概率,$1 - P(i)$ 即表示雷电流不大于 i 的概率。

<table>
<tr><th colspan="7">我国雷电流峰值概率表($b = 0.021 \text{ kA}^{-1}$)</th></tr>
<tr><td>i/kA</td><td>10</td><td>20</td><td>50</td><td>100</td><td>150</td><td>200</td></tr>
<tr><td>$P(i)/\%$</td><td>81.1</td><td>65.7</td><td>35.0</td><td>12.2</td><td>4.3</td><td>1.5</td></tr>
<tr><td>$1 - P(i)$</td><td>18.9</td><td>34.3</td><td>65.0</td><td>87.8</td><td>95.7</td><td>98.5</td></tr>
</table>

雷电流上升陡度$\left(\dfrac{\mathrm{d}i}{\mathrm{d}t}\right)_{\max}$

3)通信电源的防雷

（1）通信电源的动力环境。如图 7.11 所示。交流供电变压器绝大多数为 10 kV,容量从 20 kVA 到 2 000 kVA 不等。220/380 V 低压供电线短则几十米,长则数百上千米乃至几十千米。市电油机转换屏用于市电和油机自发电的倒换。交流稳压器有机械式和参数式两种,前者的响应时间和调节时间均较慢,一般各为 0.5 s 左右。

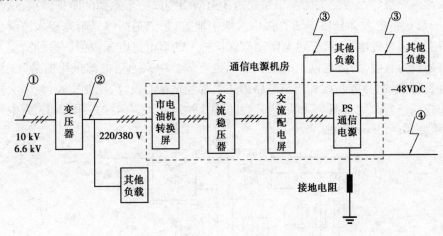

图 7.11　通信电源的典型动力环境

（2）雷击通信电源的主要途径。雷击通信电源的主要途径如图 7.12 所示,主要有以下几种：

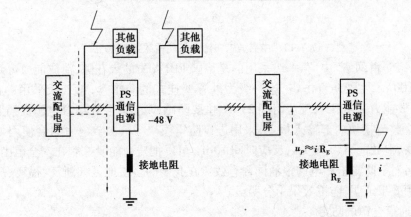

图 7.12　雷击通信电源的主要途径

变压器高压侧输电线路遭直击雷,雷电流经"变压器→380 V 供电线→…→交流屏",最后窜入通信电源。

220/380 V 供电线路遭直击雷或感应雷,雷电流经稳压器、交流屏等窜入通信电源。

雷电流通过其他交、直流负载或线路窜入通信电源。

地电位升高反击通信电源。例如:为实现通信网的"防雷等电位连接",现在的通信网接地系统几乎全部采用联合接地方式。这样当雷电击中已经接地的进出机房的金属管道(电缆)时,很有可能造成地电位升高。若这时交流供电线通信电源的交流输入端子对机壳的电压 u_p 近似等于地电位,雷电流一般在 10 kA 以上,故 u_p 一般为几万伏乃至几十万伏。显然,地电位升高将轻而易举地击穿通信电源的绝缘。

(3)可靠的三级防雷网络。通信局(站),尤其是微波站和移动基站,因雷击而造成设备损坏、通信中断是常有的事情,这其中雷电通过电力网和通信电源而造成设备损坏或通信中断的又占有较大的比例。

目前国内外被广泛接受的防雷思路是由 3 道防线构成一个完整的防护体系,这 3 道防线是:第一道是将绝大部分雷电流直接引入地中泄放,第二道防线是阻塞侵入波沿引入线进到设备上的雷电过电压,第三道是限制被保护物上的雷电过电压幅值。这种防雷方式不仅对防雷击较为有效,对防电网上的电压浪涌也有效。中兴通信电源采用的是"三级防雷网络",在器件选取、参数匹配和防雷电路形式上都经过精心设计、反复实验,在多次模拟雷击实验中找到一套最优方案,实践证明,这套防雷网络是行之有效的。图 7.13 为中兴通信电源"三级防雷网络"示意图。

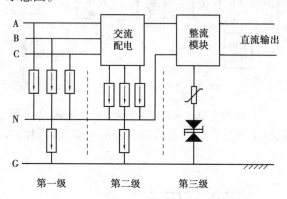

图 7.13　中兴通信电源三级防雷网络示意图

在"三级防雷网络"中,第一级采用的是德国 PHENIX 的火花隙,泄放能力可到100 kA,反应时间 100 ns,主要防直击雷,这一级为外置壁挂式的防雷盒;第二级采用的德国 OBO 防雷器,泄放能力为 40 kA,反应时间 25 ns,主要防感应雷,安装在组合电源机架上;第三级安装在每个整流模块内部输入板上,采用进口防雷模块与气隙放电管组合使用,配合优化的防雷电路,泄放能力为 10 kA,反应时间 10 ns,可以把残余能量控制在安全范围内。这三级防雷网络对于防雷击和电网浪涌同样有效。在我的多雷地区如浙江、福建、江西、川东等地的使用效果证明,防雷效果十分明显。

4)PS 通信电源的防雷

(1)压敏电阻和气体放电管。压敏电阻和气体放电管是两种常用的防雷元件。前者属限压型,后者属开关型。

压敏电阻属半导体器件,其阻抗同冲击电压和电流的幅值密切相关,在没有冲击电压或电流时其阻值很高,但随幅值的增加会不断减少,直至短路,从而达到箝压的目的。目前用在 PS 通信电源交流配电部分的压敏电阻有:

OBO 防雷器中可插拔的 V20-C-385:最大持续工作电压 385 V,最大通流量 40 kA,白色。

Siemens 公司的 SIOV-B40K385 和 SIOV-B40K320:最大持续工作电压分别为 385 V 和 320 V,最大通流量 40 kA,块状,蓝色。

德国 DEHN 公司的 Dehnguard 385,最大持续工作电压 385 V,最大通流量 40 kA,红色。

目前用在整流模块内的压敏电阻主要是 Siemens 公司的 S20K385、S20K320 和 S20K510,最大通流量为 8 kA,最大持续工作电压分别为 385,320,510 V,圆片状,蓝色。

压敏电阻的响应时间一般为 25 ns。

与压敏电阻不同,气体放电管的阻抗在没有冲击电压和电流时很高,但一旦电压幅值超过其击穿电压就突变为低值,两端电压维持在 200 V 以下。以前没有用到气体放电管,现用于新防雷方案中,其击穿电压是 600 V,额定通流量为 20 kA 或 10 kA。

(2)PS 通信电源的防雷措施。新的电源防雷方案,严格依照 IEC 664、IEC 364-4-442、IEC 1312 和 IEC 1643 标准设计和安装,出厂时均为两级防雷。对个别雷害严重、动力环境防雷不完备或有其他特殊要求的用户,我们完全可以帮助其设计和安装 B 级防雷装置,构成先进的三级防雷体系。

新方案同老方案的主要区别是:在压敏电阻和气体放电管前均串联有空气开关或保险丝,能有效防止火灾的发生;不是在 3 根相线对地、零线对地之间直接装压敏电阻,而是在 3 根相线对零线之间装压敏电阻,在零线对地之间装气体放电管。

新方案的接线示意如图 7.14 所示。

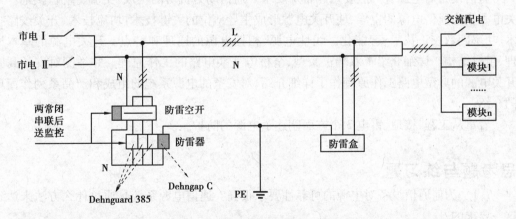

图 7.14 新防雷方案接线示意图

同 OBO 防雷器类似,Dehnguard 385 也可监控,也有正常为绿、损坏变红的显示窗。Dehngap C 无报警功能,无显示窗。防雷盒上有指示灯,正常时发绿光,损坏后熄灭。防雷器或防雷盒出现故障后,必须及时维修。

(3)通信电源动力环境的接地。依据原邮电部设计院最近报批的《通信工程电源系统防雷技术规定》,对通信电源动力环境的接地要求有:

通信局(站)的接地方式,应按联合接地的原理设计,即通信设备的工作接地、保护接地、建筑物防雷接地共同合用一组接地体。

避雷器的接地线应尽可能短,接地电阻应符合有关标准的规定。

变压器高压低压侧避雷器的接地端、变压器铁壳、零线应就近接在一起,再经引下线接地。

变压器在院内时,变压器地网与通信局(站)的联合地网应妥善焊接连通。

直流电源工作接地应采用单点接地方式,并就近从接地汇集线上引入。

交、直流配电设备的机壳应单独从接地汇集线上引入保护接地,交流配电屏的中性线汇集排应与机架绝缘,严禁接零保护。

通信设备除工作接地(即直流电源地)外,机壳保护地应单独从汇集线上引入。PS 系列通信电源在机柜内部设接地排,可以作为电源各接地的汇接点。

(4)PS 通信电源的接地。PS 通信电源的接地包括安全保护接地、防雷接地和直流工作接地。

安全保护接地亦即将机壳接地。在 PS 通信电源中,依据 IEC 标准,防雷接地和安全保护接地共用。该接地引线应选用铜芯电缆,其横截面积一般取 $35 \sim 95~\mathrm{mm}^2$,长度应小于 30m(协调防雷器的响应时间,快速将雷电泄放至大地)。工频接地电阻值应符合 XT005-95《通信局(站)电源系统总技术要求》,建议小于 3 Ω。

直流工作接地亦即将电源直流输出端的正极接地,原则上应与安全保护接地和防雷接地共用。若分开,接地引线电缆的横截面积、工频接地电阻值由用户视负载情况而定。

小   结

通信设备对电源有一般要求和特殊要求。通信动力机房的构成:交流、直流、接地。开关电源成为通信电源的主导,使开关电源形成主导地位的关键技术:均流技术、开关线路技术、功率因数校正技术、智能化。线性电源、相控电源的原理和特点。开关电源的基本原理、组成结构。详细介绍了双端正激型、全桥电变换电路的工作原理。并举例对安圣高频开关电源的典型电路工作原理作了详细介绍,对安圣的电源系统的组成和产品系列作简单的介绍。

着重从工程、接地、雷电 3 个方面阐述了电源的防护。

思考题与练习题

7.1　为何通信设备对电源的可靠性要求很高?通信电源系统是通过什么方法来达到这一要求的?

7.2　和传统相比,现代通信对电源系统有何新要求?

7.3　集中供电和分散供电各有什么优缺点?

7.4　试说明通信电源系统的构成。

7.5　开关电源为什么要采用均流技术?

7.6　提高开关电源功率因数有哪些措施?

7.7　开关电源智能化对动力维护工作有何帮助?

7.8 相控、线性、开关电源的稳压原理有哪些差别?

7.9 通信电源由哪几部分组成? 各部分功能是什么?

7.10 开关电源和线性电源相比各有什么优缺点,各适用于什么情况?

7.11 开关电源和相控电源相比,有什么优点? 出现这些差别的根本原因是什么?

7.12 如果整流模块的风扇损坏,将可能出现什么现象?

7.13 联合接地的定义?

7.14 某直流负载电流为 60 A,从直流配电设备到负载设备之间的布线长度为 20 m,该段线路分配的容许电压降为 1.2 V,请计算该负载需要直流供电电缆的截面积。

参考文献

[1] 赵学泉,张国华.电源电路[M].北京:电子工业出版社,1994.

[2] 华东计算技术研究所电源研究室.晶体管开关稳压电路[M].北京:人民邮电出版社,1983.

[3] 叶慧珍,杨兴洲.开关稳压电源[M].北京:国防工业出版社,1990.

[4] 王鸿麟,叶治政,张秀澹,等.现代通信电源[M].北京:人民邮电出版社,1993.

[5] 张廷鹏,张海俊.现代通信供电系统[M].北京:人民邮电出版社,1995.

[6] 屈青轩,陈亮宏.通信电源概要[M].北京:人民邮电出版社,1989.

[7] 李勇帆.主机和外设电源故障检修[M].北京:科学出版社,1990.

[8] 中国电子学会.电子世界·合订本[M].北京:电子世界杂志社,1996.

[9] 中国电子学会.无线电·合订本[M].北京:人民邮电出版社,1998.

[10] 张国峰,王家新,文家清,等.200种中外电视机录像机电源检修方法与实例[M].北京:人民邮电出版社,1993.

[11] 叶治政,叶靖国.开关稳压电源[M].北京:高等教育出版社,1989.

[12] 薛学明,王志宏.稳定电源及其电路实例[M].北京:中国铁道出版社,1990.

[13] 周志敏,周纪海,纪爱华.高频开关电源设计与应用实例[M].北京:人民邮电出版社,2008.

[14] 王水平,贾静,方海燕,等.开关稳压电源原理及设计[M].北京:人民邮电出版社,2008.

[15] 孙余凯,吴鸣山,项绮明.稳压电源设计与技能实训教程[M].北京:电子工业出版社,2007.

[16] 杨承丰,尹凤鸣.开关电源[M].北京:人民邮电出版社,1987.

[17] 施重芳,段玉平,耿文学.新型电源[M].北京:中国广播电视出版社,1990.

[18] 李成章,王淑芳.新型UPS不间断电源原理与维修技术[M].北京:电子工业出版社,1995.

[19] 王水平,付敏江.开关稳压电源——原理、设计与实用电路[M].西安:西安电子科技大学出版社,1997.

[20] 周志敏,周纪海,纪爱华.开关电源实用电路[M].北京:中国电力出版社,2006.

[21] 周志敏,周纪海,纪爱华.现代开关电源控制电路设计与应用[M].北京:人民邮电出版社,2005.

[22] 周志敏,周纪海,纪爱华.模块化DC/DC实用电路[M].北京:电子工业出版社,2004.

[23] 周志敏,周纪海,纪爱华.开关电源实用技术设计与应用[M].北京:人民邮电出版社,2003.